GE 変化の経営

Akihiko Kumagai
熊谷昭彦
GEジャパン社長兼CEO

ダイヤモンド社

はじめに

ＧＥ（ゼネラル・エレクトリック）の創業は１２４年前にさかのぼる。ご存じの方も多いだろうが、ルーツはトーマス・エジソンが創業した会社である。

電球や蓄音機、映写機などを生み出し、発明王として名高いエジソンだが、彼はただ研究室でひらめいたものを生み出してきたわけではなかった、といわれる。世の中で一番必要とされるもの、世の中の人たちがいま一番困っているものを徹底的に調べて、それにつながる発明をしてきたのである。そんなマーケティング発想のできる希有な発明家であった。

エジソンは数々の名言を後世に残したが、そうした自身の発明に対する姿勢を言い表した言葉がある。

「世界がいま本当に必要としているものを創るのだ（I find out what the world needs, then I proceed to invent it.）」

GEはこれを〝エジソンスピリット〟と呼び、社内カルチャーとして受け継いできた。GEの原点ともいえるニューヨーク州・ニスカユナに置かれたグローバル・リサーチ・センターの入り口には、いまもこのエジソンの言葉が飾られている。

GEという会社に対する一般的な印象は「巨大で力強い」というところらしい。想像するに、売上高や従業員数などに象徴されるとおり規模が大きく、技術力、営業力、財務力があり、世の中を力強く引っ張っていく会社というイメージだろう。だが、私個人の見方を言うと、「変革をリードする会社」が最もしっくりとくる。GEが力強く見えるのは、常に変革をリードしてきたからではないだろうか。

GEが変革を求めてきた理由を一言で言うならば「勝つ」ためだ。つまり「お客さまの信頼を勝ち取る」ためである。

エジソンスピリットを心に抱き、お客さまの本当のニーズを満たすものを提供することで、GEはお客さまからの信頼を勝ち取ってきた。そのお客さまのニーズは時代に応じて刻々と変化する。GEは「変化し続けないと、いつかはお客さまの支持を得られなくなる。すなわち〝負ける〟」という危機感を他の企業以上にもち続けてきたことで、現在の〝力〟を築いてきたといえるだろう。1896年のダウ平均株価の算出が開始されて以来、GEだけがいまも指標銘柄として唯一存在している所以である。

そのＧＥがいま、また大きく変わろうとしている。

稼ぎ頭でもあった金融事業を手放す一方、インフラ系のハードウェアを中心とする事業ポートフォリオに入れ替え、さらなる競争力強化のためにソフトウェアという過去に踏み入れたことのない世界を思い切って取り込んだ。そして、両者をドライブするためにものづくりのあり方のみならず、人事評価制度や組織のカルチャーまでも変えて大変革を起こそうとしている。

世界では「インダストリー４・０」や「第４次産業革命」といったキーワードで呼ばれる新たな技術革新の波が押し寄せている。そのなかで私たちＧＥは、新たなビジネスモデルやテクノロジーを積極的に取り入れ、また破壊的なイノベーションによってこの新しい時代の波を乗り切ろうとしている。会社として掲げている「デジタル・インダストリアル・カンパニー」への変換という戦略はもちろん、それを実行する現場にいる私たちがどのように戦略を咀嚼し実践に移しているのかをも含めて、その変革の中身をあますところなく紹介したい。

本書をまとめるにあたって、私の立ち位置をご理解いただくうえで簡単に自己紹介しておきたい。私は、三井物産から1984年にGEに入社した。早いもので、すでに社歴は32年に及ぶ。その間、アメリカで2年間仕事をした。入社当時のGEのトップ（会長兼CEO）は、その3年前に就任したばかりのジャック・ウェルチが務めていた。その後、2001年に当時45歳のジェフリー・イメルト（私たちは通常ファーストネームで「ジェフ」と呼んでいるが、本書中は日本風に「イメルト」で通させていただく）が就任した。豪腕でならしたウェルチと後を継いだイメルトという二人のCEOの時代を、私はちょうど半分ずつ体験してきたことになる。

この間、GEでは何度も大きな変革が行われてきた。だが、この数年ほど大きな変革を一気に実施するのは、私の三十余年の経験においても初めてのことだ。

いまGEは、史上最高にエキサイティングと言ってもいいかもしれない。将来に向けて実行している現在の変革は正解だと、実行に移していくほど実感し、腹落ちしてきた。若手もこれまで以上に発奮している。

非常に大きな挑戦であることは事実だが、GEの真の強さはこうした変革を厭わない企業カルチャーにある。全社員が熱意と信念をもって進めることで、必ず成功できると信じている。

第1章では、GEの歴史を振り返るとともに、現在手掛けている事業の状況や大胆なポートフォリオ変革についてお伝えする。

第2章では、いま進んでいるイメルト改革の中身と、リーダーであるイメルトの人となりや決意を紹介する。

第3章では、現在進めている「デジタル・インダストリアル・カンパニー」への変革の原動力を解説する。

第4章では、GEが全社共通の目標としている「シンプリフィケーション」と「ファストワークス」によるカルチャーチェンジの状況を披露する。

第5章では、カルチャーチェンジを推進するために、「セッションC」や「9ブロック」を廃止して新しい人事制度を導入したことを解説する。

第6章では、年間10億ドルもの費用をかけているGEの人材育成の〝いま〟を詳述する。

第7章では、GE全体の変革に対し、日本での取り組みの模様と、注力しているポイントを紹介する。

第8章では、私の32年の社歴を通じた経験とリーダーシップのあり方について述べる。

日本で働くGE社員の多くは日本人である。足下の経済成長力や少子高齢化を見るにつけ、日本の経済は成熟し、かつてのめざましい成長は期待できないだろう。GEグループにおいても、日本はともすると低成長の成熟市場として注目されなくなる恐れがある。しかし、変えるべきところを変え、新しいことにチャレンジし、やるべきことをきちんと実行すれば、成長する余地は十分にある。実際、GEジャパンは2015年に2桁成長を記録し、それを証明したところだ。

本書では、GEという会社の変革を通じ、それがどのように現場で実践・浸透してきているのか、また組織も個人も常に目標に向かって変わりつづければ付加価値を生み出し成長できる、ということを伝えられたらと願っている。

2016年9月

GEジャパン社長兼CEO　熊谷昭彦

GE 変化の経営―目次

第3章 危機感が推し進める新たな挑戦
：デジタル・インダストリアル・カンパニーへの変貌

第1章

GE史上最大の大改革

124年の歴史を9人のトップが受け継いできた

GEは、発明王トーマス・エジソンが1878年に起こしたエジソン総合電気(Edison General Electric Company)が、競合する電気照明会社と1892年に合併して産声を上げた。

1896年に「ダウ・ジョーンズ工業平均株価(ダウ平均)」として初めて採用された12銘柄の1社であることは広く知られている。以来、ダウ平均株価の算出対象となる30社に採用されつづけている唯一の企業でもある。

GEのその長い歴史を受け継いできたのは、わずか9人のCEOである(図表1-1)。トップが頻繁に交代することも少なくない米国企業のなかで珍しい存在ではないだろうか。GEのCEOは歴代みな、長期政権だからこそ可能ともいえる、将来を見据えた思い切った経営改革を進めてきた。

たとえば、1950年代には5代目トップのラルフ・コーディナーが分権化を進め、120ほどの事業部門のトップに権限を委譲した。1970年代になると7代

図表1-1　GE124年のバトンを受け継いできた9人のトップたち

1代目

チャールズ・コフィン
社長1896〜1913年
会長1913〜1922年

1800年代末の恐慌時にGEを導いた。「命令で人を動かすことはなかった」といい、業績数字にもとづいてエグゼクティブを教育し評価するプロセスを開始した。

2代目

E・W・ライス
社長1913〜1922年

研究開発投資の重要性を最初に認めたエグゼクティブのひとり。リサーチセンターを開設。海外進出を推進し、日本の近代化にも貢献した。

3代目

ジェラルド・スウォープ
社長1922〜1940年
1942〜1945年

エンジニア出身で、愛国心と社会貢献の意識を根づかせた。エグゼクティブ教育とリーダー育成に注力した。

4代目

チャールズ・E・ウィルソン
社長1940〜1942年
1945〜1950年

第二次大戦中、アメリカの軍需を担う。GEで50年以上のキャリアをもち、1942年にルーズベルト大統領から戦時生産局（WPB）の副長官に任命された。

5代目

ラルフ・コーディナー
社長　　　1950〜1958年
会長兼CEO1958〜1963年

戦後GEの再編の分散化をすすめ、アメリカ企業の模範とされた。事業部制を導入したほか、人事評価を実行し、内部昇進文化をつくった。

図表1-1　GE124年のバトンを受け継いできた9人のトップたち

6代目

フレッド・ボーチ

社長兼CEO1963～1967年
会長兼CEO1967～1972年

社長就任時から会長退任時で、売上と利益をほぼ2倍に成長させた。人材戦略の基礎を築いた。

7代目

レジナルド・ジョーンズ

会長兼CEO1972～1981年

ボーチから成長を引き継ぎ、約10年間の在職中に売上と利益を2倍にした。定量的に評価できる戦略計画を作成し成長を実現した。

8代目

ジャック・ウェルチ

会長兼CEO1981～2001年

20年間の在職中に売上を260億ドル強から1300億ドルへと5倍に拡大し、時価総額は140億ドルから4000億ドルまで30倍近く伸ばした。「シックスシグマ」（プロセス改善）や「CAP（変革推進プロセス）」など導入された経営ツールは大きく注目を集めた。

9代目

ジェフリー・イメルト

会長兼CEO2001年～現在

就任直後に9.11同時多発テロが起きるなど災厄に見舞われたが、環境変化に素早く対応し、グローバル化推進や環境分野の強化、インフラ事業の再構築などでGEの新たな基盤を築いた。

目のレジナルド・ジョーンズが「戦略的ビジネスプランニング」に取り組み、各事業に戦略的に資源を分配し、管理した。

1981年に会長兼CEOに就任した8代目に当たるジャック・ウェルチは、読者のみなさんのご記憶にも鮮明かもしれない。20世紀後半のアメリカの好景気の追い風に乗り、重電を中心とした製造業の枠から抜け出し、保険業や金融業にも進出してGEを巨大コングロマリット（複合企業）に導いた。アメリカの『フォーチュン』誌は、彼を「20世紀最高の経営者」に選出して称賛した。

GEの事業ポートフォリオ戦略といえば、ウェルチの「ナンバー1・ナンバー2戦略」を思い浮かべる方も多いだろう。業界で1位か2位でない事業は売却か終了するという方針である。

ウェルチの後を受け、2001年に会長兼CEOに就任した9代目のジェフリー・イメルトも、経済情勢の変化に合わせた事業の「選択と集中」を常に行ってきた。しかし、その方針は「ナンバー1・ナンバー2戦略」とは異なる。後述するが、保険業や金融業、エンターテイメント事業の切り離しを敢行して、産業インフラ事業への特化を推し進めてきた。

その結果、GEでは現在9つの事業を手掛けている（**図表1－2**）。世界185ヵ

図表1-2　9つの主要事業と売上規模（2015年）

GE総売上高 1174億ドル　　従業員数 33.3万人

パワー
（電力事業）
215億ドル
（+アルストム206億ドル）
ガスタービンなど
石炭、石油、天然ガス、原子力エネルギーなどのエネルギー産業関連。また水の供給とその品質に関する先進的技術を開発。

リニューアブルエナジー
（再生可能エネルギー事業）
63億ドル
（+アルストム62億ドル）
風力発電タービンなど
再生可能エネルギー関連。GEは、環境問題に早期から着目し、2005年にすでに「エコマジネーション」というコーポレート方針を打ち立てていた。

オイル&ガス
（石油・ガス事業）
165億ドル
石油やガスの掘削用の機器やシステムなど
採掘・生産から天然ガスの液化、発電所へのパイプライン輸送など石油・ガス産業の製品・サービスを一気通貫で提供。パイプラインのインスペクションやデータ管理を行う統合ソリューションも揃える。

エナジーコネクション
（送配電・管理事業）
76億ドル（+アルストム66億ドル）
電力送配電設備など
莫大な電力を必要とする産業における送変電や スマートグリッド技術による電力管理、エネルギー変換や 最適化のためのソリューションを提供。

アビエーション
（航空関連事業）
247億ドル
航空機エンジンなど
航空機エンジンが中心。日本でも全日空や日本航空など航空会社の旅客機、自衛隊機、さらには政府専用機もGE製エンジンを搭載。

ヘルスケア
（医療・健康関連事）
176億ドル
CTやMRIなどの医療機器
医療ソリューションの開発。超高齢社会に突入した日本でも、医療機器とソリューションを提供している。

トランスポーテーション
（交通関連事業）
59億ドル
ディーゼル機関車など
ディーゼル機関車が中心。日本での展開はほとんどないが、アメリカやオーストラリア、中国など電気が行き渡らない広大な国では、いまも大きなビジネスになっている。

アプライアンス&ライティング
（家電・照明事業）
88億ドル
照明器具、スマートメーターなど
商用空間やオフィス空間、応接スペースから小売店舗まで、照明に関するさまざまなソリューションを提供し、エネルギーコストの削減に貢献。なお、白物家電部門は2016年、ハイアールに売却。

キャピタル
（金融事業）
108億ドル
法人向けリースなど
金融サービス部門。2016年の売却により大幅縮小。

2016年中に一部売却

国で事業を展開し、社員数は33・3万人に達する。そのうち6万人以上がエンジニア、科学者、研究員であり、欧米・中国での特許取得数は世界一を誇る。GEジャパン（2016年4月、日本GEから社名変更）をはじめとする日本におけるGEグループで働くのは約3200人である。

直近2015年のグループ売上高は全世界で1174億ドル、利益は17億ドル。2016年以降はそこに、2015年に買収を終えたフランスの重電会社アルストムの売上高約150億ドル（受注残は3150億ドル）が加わることになる。

アメリカの経済誌『フォーブス』が売上高、利益、資産、市場価値など主要な指標にもとづいて、世界の株式公開会社における上位2000社のランキングを毎年公表しているが、GEはトップスリーの常連になっている。

コングロマリットからIoT時代の勝者へ

イメルトが行った激烈な事業ポートフォリオの入れ替えは、後述するように、従来の産業インフラ事業の全領域でソフトウェアソリューションによるデジタル化を実現した「デジタル・インダストリアル・カンパニー」という壮大な構想への布石であったのだが、まずはそのポートフォリオ変革から振り返っておきたい。

イメルトは会長兼ＣＥＯに就任する以前から、産業構造の急激な変化により競争が激化し、製品によって急速にコモディティ化（同質化）が進んできたことに危機感を覚えていたようだ。

そうした環境変化のなかで、より高い収益性を求め、より強くなるためには何をすべきか。イメルトは会社の将来を見据えて、現状のままではどの事業も広く浅い中途半端な状況になってしまうことを恐れた。

そこで、ＧＥが得意とする分野に「選択と集中」を進めて強い事業をより強化するかたわら、コアでない事業は未練をもたず手放していった（図表１－３）。そのポートフォリオの組み替えに、十数年かけてきたのである。

世界を見渡したとき、大きな社会的課題は、医療、電力、輸送というインフラ領域に集中している。特に新興国の成長により、そのマーケットは急激に拡大していた。ＧＥにおいて、昔から「グローバル化」は単に活動エリアを広げることが目的ではなく、世界の課題を解決していくことにあるというビジョンをもっている。それこそがＧＥの創業の原点であり、強みが最も活かせるところでもある。産業イン

図表1-3　イメルト時代の「選択と集中」プロセス

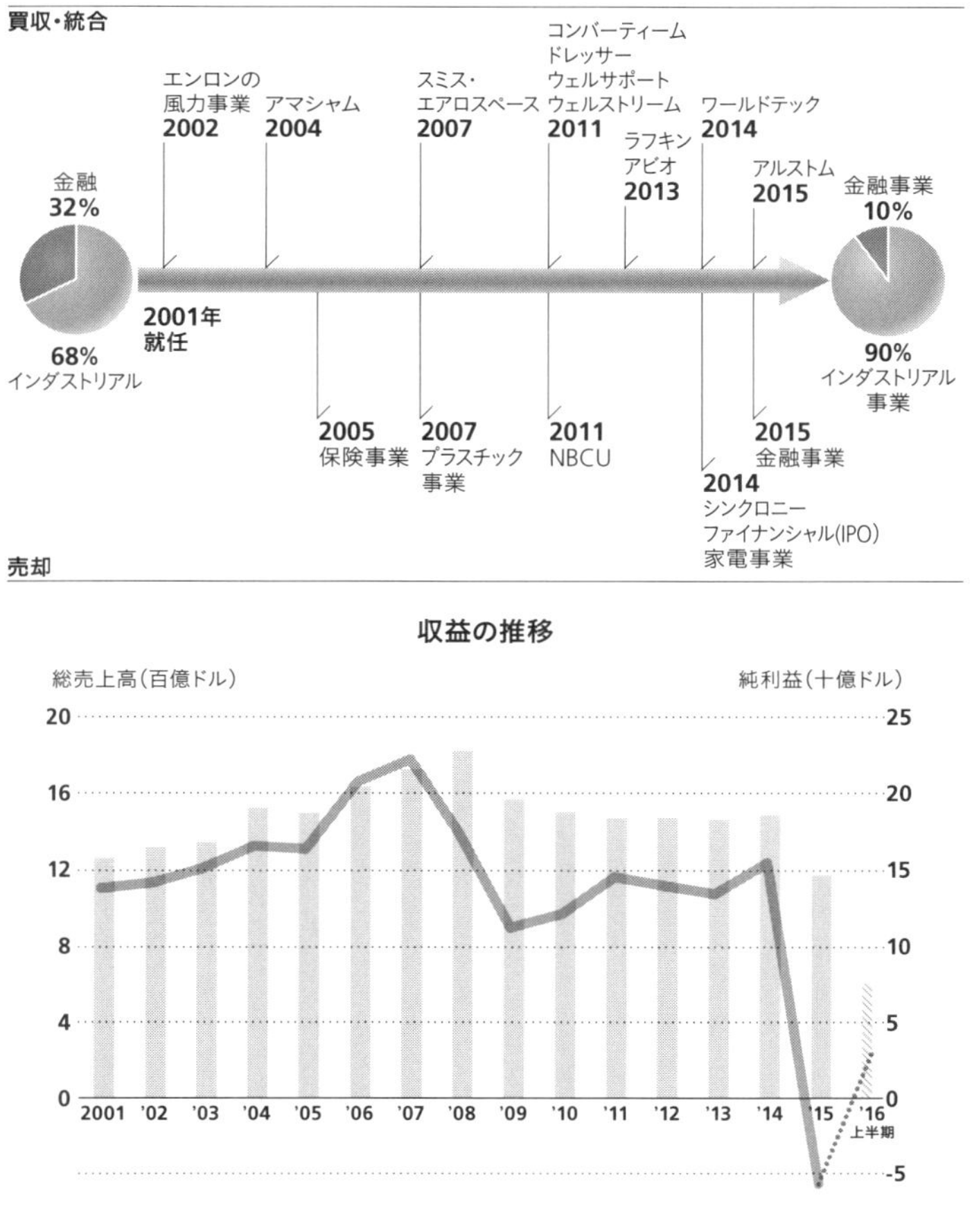

＊2015年の純損失は、金融事業部門の売却に伴う一時的費用計上による

フラ部門への選択と集中は当然の帰結でもあった。同時に、そのビジョンに沿わない事業は、どんなに収益性が高かろうと切り離していくことを決断した。

彼が「デジタル・インダストリアル・カンパニー」を提唱したのは2015年からだが、ソフトとハードを融合させITに力を入れていくと言い始めたのはさらにさかのぼって2011年のことだった。

産業インフラ部門に特化すると宣言したのはもっと以前である。考えてみれば、イメルトが再生エネルギーを重要視してエンロンの風力発電事業を買収したのは2002年であったから、ちょうどイメルトが会長に就任した直後に当たる。これも先見の明といえるだろう。

イメルトは就任直後から、数々の災いに行く手を阻まれてきた。会長に就任した4日後の2001年9月11日には、米国同時多発テロが起こった。さらにその直後にはエンロンショックが発生したうえ、2005年には2000人以上の死者・行方不明者を出したハリケーンのカトリーナが来襲し、東海岸にあったGEの工場は大きな被害を受けた。災厄に見舞われつづけるなかで、GEを将来もっと強くするためにはどうすべきかと考え抜いた末に生まれた戦略が、強みを活かしコアでない事業を切り離す選択と集中だったのだろう。

ウェルチの育てたかつての花形事業も分離

そうした決断が、具体的な行動となった最初のショッキングな出来事は、2007年に行われたプラスチック部門の売却だった。これは、イメルトにとって、おそらく大変に勇気が必要な決断だったはずだ。というのもプラスチック事業は、自分を後継者に選んでくれた前CEOのウェルチが育てたビジネスであり、一時はGEの花形事業でもあったからだ。

それでも彼は、これからのGEにとってプラスチック事業はコアではないと考えた。時代が変わり、製品のコモディティ化が進んだうえ、原材料となる原油価格の不安定さという大きな弱点もあった。GEが目指すインフラを主体とした事業骨格には沿わないため、売却という決断に至ったわけである。

もうひとつ象徴的だったのが、2011年に実施されたメディア&エンターテイメント事業のNBCユニバーサル売却だ。テレビがあり映画があり、数々の人気コンテンツをもって将来性もあったが、やはり他の事業とは分野がまるで異なることから手放すことにした。

その一方で、産業インフラ部門を中心に数多くの企業買収を仕掛け、インフラ部門をコアとして固めてきた。途中で頓挫があって時間はかかったものの、エジソン創業以来の基幹事業であった家電部門の売却も決断した。

その選択と集中の総仕上げとなったのが、2015年のGEキャピタル売却とアルストム買収というGEの歴史上最大ともいわれる超巨大な売りと買いだった。GEにとって、金融部門を担うGEキャピタルは、数年前までは全体の利益の半分以上を稼ぎ出す大きな事業に育っていたが、それをも切り離す決断をした。

これには私はもちろん、社員全員が仰天したものだ。本当に思い切った決断だったと思う。イメルトは、「大きなポートフォリオの組み替えは基本的にこれで終了だ」と断言している。

彼が目指すのは、事業の選択と集中によってGEを産業インフラ事業に集中させ、さらにそのうえにソフトウェアの能力を強化し、「デジタル・インダストリアル・カンパニー」につくり変えることだ。いわば創業者エジソン以来の祖業に戻るということである。

GEの歴史を振り返ると、常に産業インフラ機器を中心に製造するインダストリアル部門がコアとして存在していた。その一番強い分野に集中し、さらに強化して進んでいくという方向を選んだわけである。それこそがGEの進むべき道だという彼の強い信念に基づいたものだった。

この選択と集中がすべて完了したことで、GE全体の利益は9割がインダストリアル部門で、キャピタル（金融）部門はわずか1割程度となり、GEの収益体質は大きく変わることになった。

アルスタムの買収

2015年11月2日、私たちGEは、フランス企業アルストムの発電・送配電事業の買収を完了した。買収額103億ドルにのぼる今回の買収を通じて、GEのインストール・ベース（すでに設置された発電機器資産）の発電能力は約1500ギガワット（GW）に拡大している。これは全米の供給量を十二分に賄える規模だ。アルストムの買収は、何十年に一度あるかないかというチャンスだったといえるだろう。ライバル会社を押しのけて、GEはそのチャンスを着実につかみ、変革を加速させることになった。

アルストムのグローバルな発電・送配電事業と統合することで、GEはより大規模な発電能力に基づく保守やビッグデータ解析を手掛けられるようになる。これによって予期せぬダウンタイムの削減や、タービンや発電所、風力発電施設、送配電のパフォーマンスのより大きな向上を図れるようになった。

イメルトはアルストムの買収について「ＧＥが進化するうえで大変重要なステップだった」と語っている。

いま、安定的に電力を利用できない人は、世界で約13億人にものぼるという。国際エネルギー機関（ＩＥＡ）では、新たな電力ニーズに対応するには、２０４０年までに世界で約７２００ＧＷ増加する必要があると試算している。こうした電力需要の３分の２は中国をはじめとする非ＯＥＣＤ諸国によるものだが、アルストムはこれらの国で強力な存在感をもっていた。

この買収により、ＧＥは発電所の設計をよりよいものにしたり、送配電事業を飛躍的に拡大させることが可能となった。アルストムを迎えたことで、ＧＥは世界中の送配電事業拠点と、グローバルな競争を可能にするスケールを得たのである。

たとえば、アルストムはブラジルにある世界最長の送電システムの設備を供給してきた。その送電距離は２３８０㎞にわたり、５０００本の鉄塔に張り巡らされた架空送電ケーブルは２万㎞にも及んでいる。

さらにこの買収は、広範で専門的な再生可能エネルギーの製品ポートフォリオの獲得にもつながった。ＧＥは陸上風力発電のリーダーだが、今後それを洋上へと広げることが可能になる。買収による相乗効果として、今後5年間で30億ドルのコスト削減を見込んでいる。

ワールドテックの買収

多様な産業機器とインターネットを連動させることでリアルタイムに手に入るビッグデータを分析してソリューションを生み出す「インダストリアル・インターネット」（第2章で詳述）の普及を進めるために、私たちは産業機器向けサイバーセキュリティの強化にも乗り出した。そのため、製油所や発電所など大型産業施設をサイバー攻撃から防護するカナダのサイバーセキュリティ会社のワールドテック社を2014年に買収した。

昨今、世の中では、ITセキュリティはそれなりに対策が進んでいるが、OT（オペレーショナル・テクノロジー）セキュリティについては体制が整っておらず、いま世界のあらゆる産業施設が深刻な危険にさらされている。

GEはワールドテックがもたらしたノウハウを活用し、今後、さまざまな機器のサイバーセキュリティの標準的な評価指標となっている「アキレス認証制度」や組み込みシステム、産業設備向けに多重防護を提供する「オプシールド&スレッド・アップデート」など、総合的なサイバーセキュリティ対策ソリューションを提供していく。

現実に、工場内の見える化が進んでいない企業は、意外なほど多い。というのも昔は製造現場や製造拠点をインターネットで外部とつなぐという発想がなく、またその必要もなかったからだ。むしろクローズドにしておいたほうが安全性は高いと考えられていた。

しかし、実際はオープン化して、さまざまな情報を外部から取り入れつつ稼働させたほうが、効率は上がることがだんだんと理解されるようになってきた。ただ、そのためにはセキュリティの問題をクリアしなければならないばかりか、そもそもどこから手掛けていいのかわからないという企業も多かった。

そんななかでワールドテックが傘下に入ったことで、セキュリティに対する私たちへの信頼性が一段と高まった。事実、ワールドテックのソリューションをお客さまに紹介すると非常に強い関心をもたれる。もちろん、このセキュリティシステムはＧＥのソフトウェア・プラットフォームである「プレディックス（PREDIX）」ともつながっている。

勇気ある決断――GEキャピタルの売却

前述のとおり、大型買収以上に周囲を驚かせたのが、GEキャピタルの売却である。売却額は1570億ドル（2015年末時点。2016年9月末時点では1930億ドル）にのぼった。売却の背景には、「現代の金融は専業の形態で行われるべきだ」という取締役会とイメルトの決断があった。それは「5年後、10年後の世界」を見据えたものだ。また、2008年にリーマンショックが起こり、規制が年々厳しくなるなかで、金融ビジネスの難しさはより鮮明になっていた。本当に将来に向かって、いままでのように金融部門に頼り切っていていいのかという危機感をもっていたようだ。

金融部門のGEキャピタルは、常にコアな事業として高い収益を上げていた。実際、商業不動産や航空機のリースなどを手掛ける世界最大規模の企業に拡大している。なぜ売却という大胆な判断ができたのか、疑問に思われる方もいるだろう。私も同じ質問をこれまで数多く受けてきた。

ひとつは、先に述べた「選択と集中」戦略である。そしてもうひとつは、きれいごとに聞こえるかもしれないが、キャピタルで働く社員のことを思い、冷静に考えた結果でもある。GEにとってコアではない事業で頑張ってもらうよりも、金融事業をコアとする企業で働いたほうが、彼らはもっと活躍できるに違いない。それは、常に社員が最大の力を発揮できる事業に集中するという考え方をGEが心掛けてきたからできたことだろう。

このあたりの考え方は、一般的な日本の企業とは異なるかもしれない。日本における企業や事業の売却は、収益的に厳しく追い込まれてから実行される場合が多い。事業が行き詰まって収益を上げにくくなり、打ち手が限られてから売却を検討し始める。その際、当該事業で働く社員の気持ちはあまり勘案されない印象がある。

しかしGEは、まだ収益が十分に上がっているうちにその事業をより得意とする企業に譲ったほうが社員もハッピーになれる、と考える。

GEキャピタルの日本のオペレーションは、2016年4月に三井住友ファイナンス&リース（SMFL）のグループ会社となり、2016年9月よりSMFLキャピタル株式会社として再スタートを切ったところである。

イメルトが口にした「I'm sorry.」

これまで、数々の英断を行ってきたイメルトも、GEキャピタルの売却に対しては大きな葛藤があったようだ。これだけの大きな決断は、彼のキャリアを通じてもほかになかっただろう。間違っていないという確信をもっていたとしても、巨大化したビジネスだけに、影響を受ける社員も非常に多くなる。個人的には悩みに悩んだ末のことではないだろうか。

後述するように、彼は毎年来日しており、社員を集めた「タウンホール・ミーティング」でスピーチを行っている。例年、日本事業の強みと弱みを踏まえハッパをかけて締めくくられるのだが、GEキャピタルの切り離しを発表した2015年の来日時には、スピーチの最後にこう付け加えた。

「GEキャピタルのみなさん、ご存じのように、将来GEが生まれ変わるためにこのような結論に至りました。それは自分にとってもつらい決断でしたし、みなさんの気持ちもよくわかります。アイムソーリー」

彼の立場からすると、社員に向かって「I'm sorry.」というのは非常に勇気を伴う言葉だ。日本の社員を前にそう言ってくれたことで、キャピタルの社員のみならず他の部門の社員の心にも強く響いたと思う。それだけ苦渋の決断だったといえるだろう。

家電事業はハイアールへ

アプライアンス（家電）部門の売却も、同じ考え方に則って決断された。GEの家電部門は、家庭用の洗濯機や冷蔵庫など、大型家電に強いブランド力があり、収益力もまずまずだった。しかしその家電部門も、産業インフラ事業に特化する今後のGEにとってコア事業にはなり得ない、と考えたのである。

2014年、スウェーデンの家電大手エレクトロラックスといったん合意したが、米司法省が難色を示し頓挫した。それでもイメルトは粘り強く相手を探し、2016年1月、中国のハイアールと合意に達した。売却額は54億ドルと、破談になったエレクトロラックスの34億5000万ドルを大幅に上回った。

エレクトロラックスへの売却は実現しなかったが、結果的にはハイアールが買ってくれることになり、GEはよい選択をしたといえるだろう。実はハイアールへの買収が決まったとき、世間には「中国の会社に？」と意外そうな声も少なくなかったようだ。中国企業は、技術的な面でまだ見劣るという意識があるからだろうか。

しかし、IBMのパソコン事業もレノボに買収されて、販売力が強化された。その意味ではGEの家電事業もハイアールに買収されたほうが付加価値は上がり、世界のマーケットにおけるシェアも上がる。

GEの家電部門は世界で5番目か6番目にすぎなかったが、ハイアールとの統合によって、トップスリーに入ることになる。手掛けることのできる戦略のスケールや選択肢も従来より格段に広がるだろう。GEはこれまでも、その時々の事業がより活きると思われる相手を選んで売却してきた。その意味では、やはりGEらしい売却だったと思う。

イメルト改革は総仕上げに

まさに、イメルト改革は総仕上げをする体制が整ったといってよいだろう。彼が実行してきた選択と集中の成果については、産業インフラ部門は足の長いビジネスがどうしても多く、収益の最大化には少し時間がかかるかもしれない。ただ、2015年は上半期を終えたところまでで増収増益を果たしており、よい兆しは見えている。

産業インフラ事業に特化したことで、GEの強みをいっそう活かせるようになり、雨風に負けない強い体質になれた。グローバル化もさらに進み、ある地域の景気が悪くなっても別の地域を伸ばすことでカバーできる。あるいは、同じ産業インフラ部門の事業でも、２０１５年は資源分野のオイル＆ガスは原油安で苦戦したが、そのぶん航空機エンジンは大きく伸張した。その意味で、バランスを取りながら成長できるようになったことは間違いない。

２０１６年初のボカ・ミーティング

大きく変化しつつあるＧＥのいまを象徴していたひとつが、２０１６年のボカ・ミーティングである。

毎年１月初めにフロリダ州ボカラトンで開かれる幹部ミーティングは、通常〝ボカ・ミーティング〟と呼ばれる。イメルトが「その年」の方針を直接語る、年度初めのキックオフ・ミーティングである。

そこに世界中から集まるのは、私もそのひとりだがコーポレートオフィサー（本社役員）と、そのひとつ下の階層となるシニア・エグゼクティブが毎年５００～６００人だ。２０１６年の参加者は約６００人だった。

２０１６年は、ＧＥデジタル（次の第２章で詳述）が話題の中心だった。２０１５年は我々にとって、非常にエキサイティングで、かつ非常に忙しい年だった。ひとつは4月にGEキャピタルの売却をアナウンスし、年末にその大半が決定、かたやアルストムというGEの歴史上で最大の買収が11月に正式に完了した。新しいGEの方向性がはっきり打ち出された年だったといえる。

2016年以降は、それら事業をドライブし、デジタルへの投資によってさらに強化し、マネタイズ（収益化）して現実に行動に移していく年になる。

イメルトのメッセージは、「下地は整った。あとはみなで前進あるのみ」という強力なものだった。なかでも強調していたのが、「デジタル・インダストリアル・カンパニー」の推進だ。これをGEのブランド力と競争力を高め、将来にわたって勝っていくという。

イメルトはこう続けた。

「そのためにはリーダーの考え方、ひいては会社のカルチャーを変えなければならない。デジタルに取り組むからには、その分野のいっそうの強化が必要だ。そのための投資もこれまで以上に行う。人材教育を進めるとともに、新しい血を外部から入れることでソリューションとデジタルを強化する。同時に会社のカルチャーもIT企業に見倣ってスピード化を図る。シンプリフィケーションとファストワークス（ともに第4章参照）をさらに強化して、会社のカルチャーを変えていく。それを、いまこの部屋にいるあなたたちリーダー全員に先頭に立ってやってもらいたい。すでに方針は決定した。この戦略を実現させれば必ず勝てるし、必ず将来、いい会社になれると私は確信をもっている。みなさん、私の方針にぜひ賛同してほしい」

その自信溢れる言葉に、私を含めてその場にいたリーダーたちは大いに勇気づけられたのである。

第2章

みずからの強みはどこにあるのか

GEがもつ3つの強み

前章では、イメルトが実施してきたポートフォリオ変革を中心に述べた。あらためて、イメルトはGEがもつ強みをどのように捉えていたのか。それは、「テクノロジー」「グローバリゼーション」「プロダクティビティ」の3つに集約されるだろう。

ひとつ目のテクノロジーは、GEが元来、メーカーとしてもちつづけてきた強みである。新興国が急速に成長し、インフラ重要が高まるなか、これを将来にわたってさらに活かしていくという結論に至った。今後も、テクノロジーに大きく投資していくことは間違いない。

2016年にテクノロジー担当のトップを入れ替えたのもそのためだ。新しくグローバル・リサーチセンター（R&D部門）のトップに就いたのは、これまでGEパワーにいたビック・アベートだった。世界中をあっと驚かせたガスタービンの新製品「HAシリーズ」の開発に携わった人材である。

彼は他社が真似できないような最高のガスタービンをつくりたいという信念をもって、信じられないほどの短期間で画期的な製品を開発した。通常3年かかるといわれる開発を1年半で成し遂げ、それがベストプラクティスとなった。今後、インフラに集中するからには、徹底的にいいものを、速く、つくらなければならない。彼をテクノロジーのトップに据えたのは、全事業部門に彼の手法を広げていってほしいという意図からであろう。

GEがもつ強みの2つ目は、グローバリゼーションだ。さまざまな国と製品ごとの特性に合わせた研究、開発、製造、販売体制の構築を可能にしてきたことがGEの成長を支えてきた。今後、新興国マーケットを中心にグローバル化をさらに進展させていく。

2015年はドル高基調だった。アメリカで製造して輸出するのは厳しいが、グローバル化が進んでいるGEでは、中国や東南アジアなど最適地から出荷する方法で為替の問題をクリアできる。開発においても、グローバル・リサーチセンターを各国に設置しており、いまや中国やインドのグローバル・リサーチセンターの開発力は目を見張るものがある。それだけ優秀なエンジニアがさまざまな国に分散できているということであり、人材のグローバル化もGEの強みになっている。

GEがもつ強みの3つ目は、イメルトがよく口にする「プロダクティビティ」にある。常に将来を見据えた対策を追求することによって生産性をアップさせ、製造コストを抑えることをこれまでも強みにしてきた。さらに社内プロセスにおいても、スピード化やコストダウンを目指している。こうした取り組みは、今後もさらに推進していくことになるだろう。そのために大きな役割を担うのがデジタル化である。社内のデジタル化を推進することで生産性とスピードも上げていく。

部門や国を横断して展開できる組織づくり

GEが集中を図る産業インフラ系の製品・サービスは、国・地域によって規制内容が異なるため、個別のニーズに応じてつくりこむ必要がある。グローバリゼーションによって社内の情報共有を進め、他国で得た知見の蓄積を活かすには難しい面もある。その点は特に気をつけているところだ。

GEも昔は、世界で最も進んだアメリカで開発すれば、世界中のどこにもっていっても売れるだろうという自信をもっていて、それがカルチャーにもなっていた。

しかしイメルトはそれを変革すべく、徹底的に人を入れ替え、国ごとにそれぞれ重要なポストを置き、できるだけ現地の人材に任せるようにしてきた。ローカルニーズに日々接し、説得性をもって的確に本社に伝達できる人員を配置した。その土地の本当のニーズを吸い上げる組織づくりを行ってきたのである。

それによって、現在では、国ごとの多様なニーズに合致した製品がつくれる体制になっている。さらに各国法人同士の横のつながり、テクノロジーチームと営業チームとのつながり、各事業のマーケティングチームの横のつながりなども強化されている。

部門や国の違いを超えて、横のつながりをもつことでシナジー効果が期待できる、この部門とこの部門をつなげればより高い成果が望めるということを、常に目に見えるかたちにするための情報交換の場も用意されている。

このような横展開を図ることで、いっとき官僚主義的な硬直性が見られたGEの組織も、かなり柔軟な体制に変わっている。

しかし、イメルトはまだまだ十分でないと思っているようだ。それを目に見えるかたちにするため、イメルトはインフォーマルな情報交換の場を増やすことを目指している。

これまでは四半期に一度、あるいは年に一度、事業横断的な公式のセッションがもたれ、情報交換するというシステムだったが、部署を超えて日々議論ができるようなカルチャーをもつ会社に変えようと、イメルトはいま強力なドライブをかけている。

各事業に横串を通す「GEデジタル」や「GEストア」

その横展開を推進するために、「GEデジタル」というGEで初めて部門間に横串を通すための組織ができた。

GEデジタル部門は、さまざまな事業・分野の専門家が混成した組織になっている。エンジン、電力、ヘルスケアなどという事業ごとのバーティカル（垂直）な組織ではなく、どの部署とも関連をもつホリゾンタル（水平）な組織である。

そのうえで個別の業績も見えるようにして、モチベーションを高めた。

この取り組みはまだ始まったばかりだが、以前よりグループ全体の機能を大幅にアップさせることになるに違いない。

このように各事業部門に横串を通してGEの強みをさらに打ち出していくために

強化中なのが「GEストア」である。個々の部門が個別にお客さまに売り込むよりも、共通の顧客に対して複数の部門が連携してひとつのソリューションを提案できたほうが、広いポートフォリオがさらなる強みとなる。

たとえば電力事業のお客さまに対して、GEパワー部門のタービンなどの発電機器だけではなく、エナジーコネクション事業のグリッド機器も提案するなど、ケース・バイ・ケースでいろいろな提案が考えられる。

日本でも、各部門の営業が同行して行動することが日常的に行われるようになった。それぞれの部門にとってプラスになることだが、普段、事業ごとに分けられた組織の中にいる人たちは、そうしたチャンスがなかなか見えづらいものである。

その点、私のように別会社を含めたGEグループ全体の組織を横断的に管理するコーポレート部門からはそれが見えやすい。複数の部門や会社が同じ顧客に営業しようとしていることに気づいた場合、共同して取り組むように声掛けをしている。

そうした部門間の協働作業が以前に比べてかなり増えている。最近はコーポレートが先導しなくても、自主的に協働するケースが増えつつある。たとえば、ヘルスケアの営業担当者が病院で医療機器を販売する際、先方から緊急時の発電用エンジンが欲しいと言われた場合、それをパワー部門に伝えて両部門でともに提案する、といったことが日常的に行われている。

このように、GEの既存製品を合わせて、もっと大きなビジネスにする狙いをもつのがGEストアだ。複数の部門を結びつけたプロジェクトチームをつくり、コーポレートがそれを率いるというスタイルを取っている。

よく知られたことだが、GEには全社的な経営企画部門がなく、部門ごとに戦略を立てている。これまではそのメリットを享受してきたが、今後は部門横断的な付加価値を提供するGEストアが中心となって、実務的には我々コーポレートがその拡大を担っていく。

事業同士の技術もビジネスも近くなった

GEストアが目指すところは、そうした考え方を会社のカルチャーに昇華させることにある。経営企画室などの硬直した部門をつくるのではなく、社員全員のカルチャーにすれば、全社員が自然に他部門との連携を頭に置きながら仕事をすることになるからだ。

もちろん、一朝一夕に実現はできないが、数年前に比べると変化は起こりつつある。それというのも、ポートフォリオの組み替えによって事業の集中を図ってきたからだ。いまやGEのビジネスは、幅広いなかでもそれぞれ何らかの関連性をもつものばかりになり、部門同士が連携しやすくなった。

以前は、電力関連部門とプラスチック部門、NBCユニバーサルでは、つながりはないも同然だった。その意味で現在は、それぞれの部門が技術的にもビジネス的にも近くなっている。

そのうえ前述のGEデジタルという部門ができたので、なおさら部門間の連携がやりやすくなった。デジタル部門はまさに組織に横串を通すツールなのである。日本にもGEデジタルに所属する社員がいる。また、日本のパワー部門の中にもデジタルの専任者がいる。必要とあれば、その2組が助け合う仕組みができてきた。また技術的なサポートが必要なときは、シリコンバレーから専門家を呼んだり、アメリカのGEパワーからデジタル担当者を呼ぶこともできるようになった。機に応じて柔軟で幅広いチームワークを取れるようになってきたのである。

以前はそうした横断的なチームをつくることは極めて難しかった。それが可能になったことも、イメルト改革の成果といえるだろう。

40年振りの本社移転で「本気」を伝える

イメルトは2016年に入り、ヘッドクォーター（本社）の移転も発表した。1974年からニューヨーク近郊のコネチカット州フェアフィールドに置いていた本社を2016年8月にマサチューセッツ州ボストンに移転した（図）。これも、イメルト改革の一環といえる。

これまでは、いわゆる本社然とした社屋に多くの社員がいて、各事業部が事業戦略のプレゼンテーションのために毎年訪れたり、何かあればすぐ本社にお伺いをたてたりといった、まさに昔ながらのヘッドクォーター・オフィスの光景があった。しかし、ボストンに移るこの機会に、そうした習慣もおそらく払拭されることになる。

今回の移転は、従来型の重くて遅い本社機能は必要ないというイメルトの強烈なメッセージといえる。重要な決断だけを即座にできるコンパクトなヘッドクォーターに変え、それ以外の機能を縮小する。そのぶん現場の人員を増やし、より現場に近い場所にオペレーション機能を置くというのが、イメルトの真の狙いだ。

ボストンの新社屋完成図（現在は仮社屋入居中。画像はGE提供）

彼は本社移転の理由を、次のように説明している。

「これからGEが本格的な『デジタル・インダストリアル・カンパニー』を目指すには、若い世代が何を考えているか、現場で実際に何が起こっているかを日々目の当たりにしなければならない。また、デジタルに取り組む大学がたくさんある土地に近づくことによって、より早く情報が入るようになる。こう考えた結果、最適な場所としてボストンを選んだ」

ボストンには、ハーバード大学やマサチューセッツ工科大学（MIT）など、多数の大学が集まっている。そんな学術都市・ボストンに本社を置くことで、IT関係の優秀な人材を採用しやすくし、製造業のデジタル化を加速させることも狙いのひとつである。

政治や経済の機能が東京一極集中の日本において、大手企業が本社を移転する機会はなかなかないのが実情だ。しかし、アメリカは本社の設置拠点について自由度が高い。にもかかわらず、長くフェアフィールドに本拠を置いていたGEにとって、ヘッドクォーターのボストン移転は画期的な変化といえる。

変化を「当たり前」に感じるGE社員

しかし、大きな変革に取り組んでいるいま、本社移転に対しても社員の間で大きな驚きはなかった。むしろ「それも当然」という反応だった。これまでにない変革が実施されているわけだから、本社の場所が変わっても全然おかしくないという捉え方が多かった。社員の意識はすでに変わり始めていたのだ。本社移転は、それをあらためて実感する象徴的な出来事だった。

もともとGEの社員には、〝変化が当たり前〟というカルチャーが根付いている。逆に変化がなくなれば、仕事がつまらなくなってみな辞めていくかもしれない。

かくいう私も、GEのそんな文化に魅力を感じているひとりである。変化の真っただ中にいるときは、緊張感があり疲れも感じなくはないが、それ以上に大きなやりがいがある。次はどんな変化が起こるのかというワクワクした気持ちも生まれてくる。入社してすでに32年経つが、それこそが今日まで勤めてこられた原動力だと思う。

おそらく同じような気持ちの者が多いのではないだろうか。ハーバード・ビジネス・スクール卒業後に入社したイメルトもやはり30年以上をGEで過ごしている。副会長のジョン・ライスは1978年の入社だからもっと長く、社歴はすでに38年になる。彼らも同じように、変化のなかに身を置いているからこそ、バイタリティを失わないに違いない。

ウェルチ時代とイメルト時代の共通点と相違点

私はGEのなかで、ウェルチCEO時代とイメルトCEO時代をほぼ15年ずつ経験してきた（写真）。トップのイメージにも通じるところだが、やはりウェルチの時代とは随分変わったのを実感する。トップが醸し出す雰囲気ばかりでなく、組織の末端で働く社員たちの考え方も大きく違ってきたように思う。

近年は、ワークライフ・バランスが重視されたり、人と人との共感がいっそう重んじられるようになるなど、社会も大きく変化してきている。ウェルチ時代は、全社員を業績によってランク付けし、下位10％の社員は会社を去った。昔は彼のようなカリスマによる完全トップダウンのマネジメントスタイルがおそらく合っていたのだろう。しかし、いまの時代に、そのウェルチ・スタイルでは、うまく機能しないに違いない。

ウェルチ（上）とイメルト（下）

アマナイメージズ

もちろんイメルトも合議制をしいているわけではなく、トップダウンであることに変わりはない。

しかし、最終判断はひとりでするとしても、そこに至るまでに多くのものを見たり、多くの人の意見を聞いたりするプロセスは、ウェルチよりもはるかに重視している。ウェルチは、自分の勘を大切にする人で、「これだ！」と決めるまで、誰の意見も耳に入れなかった。まさに、古きよきカリスマ経営者であった。

喜怒哀楽の激しかったウェルチは、爆発すると建物は残っても人は残らないという意味で「ニュートロン（中性子爆弾）ジャック」と呼ばれていたのはよく知られるところだ。実際、ウェルチに睨みつけられると誰もが凍り付いたという。

その点、イメルトは社員の気持ちをとても大切にしており、年の離れた若手社員の話もフランクに進んで聞く。顧客の声を直に聞きたいという気持ちも強くもっており、世界中のできるだけたくさんのお客さまやパートナーと顔を合わせて話をしたいと口癖のように言っている。

いまのGEで、CEOのイメルトがもつ権限は極めて強大だが、周りの意見をオープンに聞き、世の中の状況をはっきりと摑んだうえで決断する、というプロセスは堅持している。そのためのさまざまな情報網も張り巡らしている。彼はマーケットトレンドに人一倍興味をもって耳を傾け、その情報収集はＣＭＯを務める副会長のベス・コムストックなどが担当している。

決断に至るまでには、彼が最も頼りにしているＣＥＣ（Corporate Executive Council）と呼ばれるトップ経営陣との間でも激しい意見のやり取りが行われている。ＣＥＣは約35人いる。それぞれの事業部門長とコーポレートのリーダー、ファンクションリーダーにあと数人が加わったメンバーである。イメルトは、そこで出された意見をかなり参考にしているようだ。

そして、一度決めるともうブレることはなく、それに向かってのコミュニケーションも非常にクリアである。もちろん、決断に対するリスクも責任も取るという姿勢を貫く。

トップみずから、30代前半の若手から生の声を聞く

最近、ＧＥの上層部では、若手社員の生の声を聞く機会が増えている。

実はこれも、元をたどるとイメルトが始めたことである。イメルトは数年前から、

日本の役職でいうと課長・係長クラスの30代前半の社員を集め、「ラウンドテーブル」と呼ぶフリーディスカッションを各所で行ってきた。最近は、特にその回数が増えている。

また、直言を厭わない若手社員を世界から集め、スペシャルアドバイザリーボードのような組織を２０１５年に設置した。イメルト直結の組織であり、年に何度か本社に招集をかけミーティングを開いている。そのチームはグローバル・ニューダイレクションズ（Global New Directions）と呼ばれ、全世界、全ビジネスから選りすぐられた主に三十代半ばの若手社員25人で構成されている。ミーティングに参加するのは、イメルトとその25人以外には、事務局のような役割でもあるＨＲ（Human Resources：人事）担当役員ぐらいである。その場でイメルトは、いま現場で何が起こっているか、何が問題になっているかを率直に教えてほしいと言っている。

彼らとイメルトの間の職階は、４～５段階は離れている。あえてそこまで階層をとばし、現場の率直な声を直接聞きたいと考えているようだ。

そのメンバーに、日本からも電力サービス部門に勤務する日本人社員もひとり加わっている。彼にミーティングの様子を聞いたところ、イメルトの好奇心は強く、どんな話にも興味をもって「この点はどうなっているのか。もっと詳しく話してほしい」などと突っ込んでくるそうだ。「最初は緊張しましたが、途中から彼との会話が楽しくて仕方がなかったです」と言っていた。たしかに、世界30万人の社員の頂点に立つイメルトに、自分の意見を真剣に聞いてもらえるのは素晴らしい機会だろう。

メンバーから出る意見は、「GEにはまだ管理主義的な部分がたくさん残っていて、何事も動きが遅い」「(日本的に言えば)昔は10個必要だった上司の判子が、いまは7個になったが、それでもまだそんなに必要なのだ」などという決定の遅さを指摘する内容が多いようだ。

イメルトは、彼らから集めた声をすぐさま役員たちにフィードバックする。そして「まだ何も変わっていないじゃないか。現場の人間はこう言っているぞ」と引き合いに出しては、たとえば決済に必要なサインや判子は3つ以下にすることなどと具体的かつ強烈なメッセージを発信し続けている。

第1章で紹介した2016年のボカ・ミーティングでは、その25人の若手社員が特別に招待され、代表者数人が600人の役員が居並ぶ前でイメルトとパネルディスカッションを行った。そこで話された内容は斬新で、聞いていてとても面白かった。ボカ・ミーティングへの参加は、GE社員にとって大きなステータスである。彼らはみな、その場に招待されたことを誇りに思い、非常に嬉しそうだった。おそらく、職場に戻れば仲間たちにその場での雰囲気を伝えることになるだろう。それがGEの新しいカルチャーづくりにもつながっていくに違いない。それも、イメルトの「現場で何が起こっているか」について耳を傾ける真摯な姿勢があってのことである。

イメルトの来日

現場を自分の目で見ることを重んじるイメルトは、主要国の拠点を最低でも年に一度は訪れる。日本にも年に一度は来日し、2～3日の滞在中、通常は顧客を中心とした取引先やジョイントベンチャーを組んでいるパートナーを訪問する。

その間、何百社もの会社の代表者を呼んだカスタマーレセプションを開催するほか、必ずタウンホール・ミーティングと呼ぶ、社員との直接対話を行う。社員が大勢集まった前で彼は1時間ほど壇上に立つ。ここでは質疑応答に多くの時間を割いており、最初の彼のスピーチはせいぜい10分程度で、残りの50分はその場で出されたさまざまな質問への応答だ。社員はどんな質問をしてもよく、彼はどんな質問に対しても真摯に答えている。

社員から出る質問で多いのは「日本の事業をどのように評価しているか」「これ

から日本でどのような戦略を取ろうとしているのか」、あるいは「GEデジタルの向かうべきゴールはどこか」といった内容だ。日本の社員はGEというグローバルな巨大企業のなかでの日本の立場を確かめたいという思いが強い。イメルトが年に三度くらいは中国を訪れると知れば、嫌でも日本に対する見方が気になる。要するに、日本のビジネスをどのくらいの位置で見ているかが、本音として最も気にかかるところなのである。

そうした質問に対してイメルトは、「日本は市場のスケールが大きく、信頼できるパートナーも数多くいる。品質に対するこだわりが強く、常に世界一の製品を要求する日本のお客さまは、日本ばかりでなくGE全体にとっても大切な存在だ」という趣旨の回答をする。

この言葉は決してリップサービスではない。というのも、彼は日本について常々、新興国のような高成長マーケットではなくなったが、日本から学ぶことはまだまだたくさんある、と口にしているからである。

株式市場でも上がってきたイメルトの評価

株式市場はイメルトに対して、CEOに就任以来かなり手厳しい評価を続けてきた。事実、2001年の就任から現在まで、株価は30%以上も下落している。前CEOのウェルチが、前世紀末に訪れたアメリカのバブル期に恵まれたとはいえ、在任20年間で株価を30倍にしたのとは対照的である。最近は30ドル前後(2016年8月現在)を維持しているが、リーマン・ショックの直後は、一時6ドルを割り込んだほどだった。

その年、GEの四半期利益が予想を下回ったのを見て、テレビのインタビューに応えたウェルチが、「もう一度同じことをやれば、彼に向かって銃の引き金を引く」と警告したエピソードが知られている。

ただ、ここにきてイメルト改革の効果が表れ始めると、市場の評価も好転してきた(**図表2-1**)。もともとGEは上場会社のご多分にもれず、格付会社も含め、株式市場からのコメントや株価の動向に対して敏感である。イメルト以下、経営陣は

図表2-1　過去10年間の株価推移

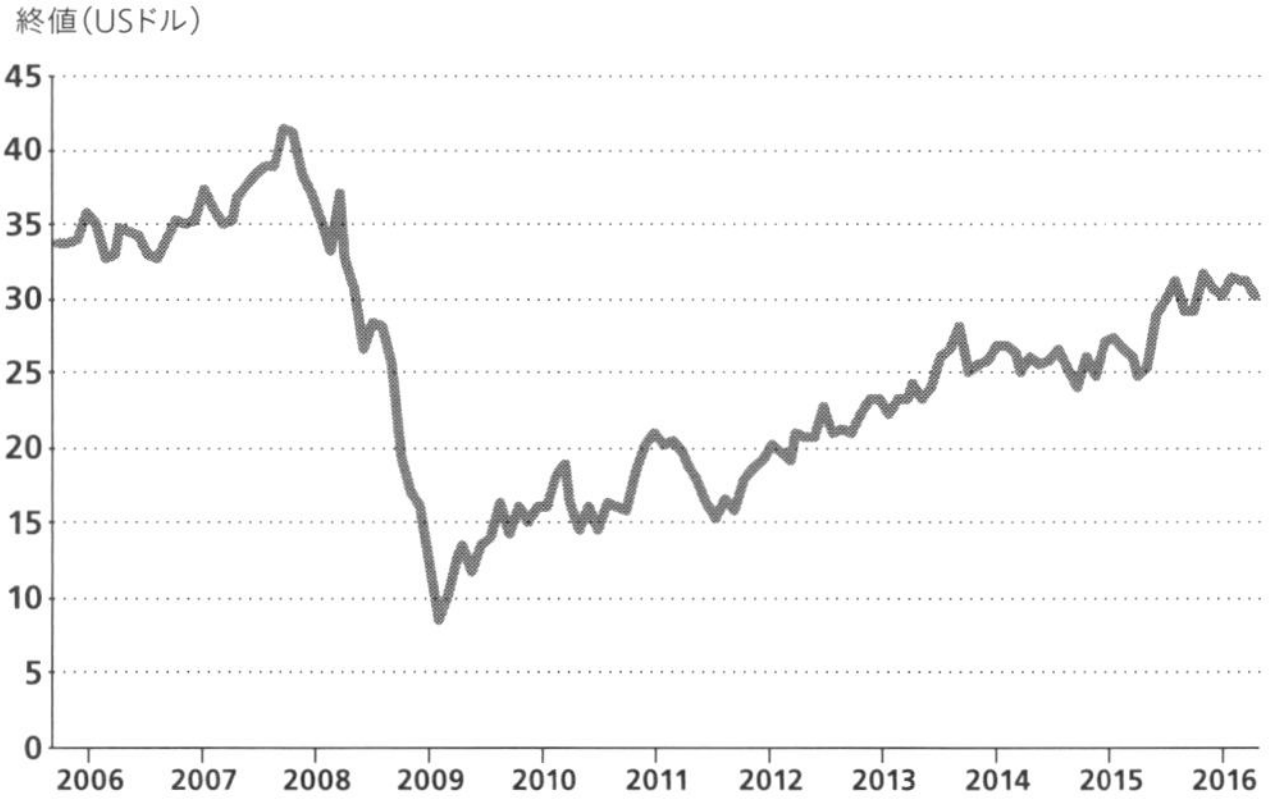

格付会社や株式市場からの評価を上げるために常に気を配っている。

一方で、株式市場の環境も随分と変わった。何かひとつ大きなニュースを発すると、すぐに株価が跳ね上がるという時代ではなくなった。その点、昔は善しにつけ悪しきにつけGEの株価が激しく変動することがよくあった。

市場関係者からの評価が上がったのは、やはり、イメルトのビジョンが明確で、広く知れ渡ってきたからだと思う。なぜ選択と集中を行うのかを明らかにし、絶対にブレない。事業戦略の軸をはっきりともつようになったことが評価されているのであろう。かつては、株価への波及効果を意識してスタンドプレー的な企業買収をやったこともあるが、いまはそんなやり方は時代遅れであり、GEが選ぶ戦略ではないと経営陣は認識している。

物言う株主の株式取得

2015年、アクティビスト（もの言う株主）であるネルソン・ペルツ氏が率いるトライアン・ファンド・マネジメントがGE株を買い集め、25億ドル相当の株式（発行済み株式総数の約1％）を保有する上位10位以内の株主になったことが話題を集めた。

ただ、ペルツ氏とイメルトは長い付き合いがあり、先方の意見も聞きながらやり取りしていたところだった。トライアンとは金融部門の大半の売却など現在のＧＥの方向性については意見が一致している。また、ＧＥへの取締役の派遣なども要求していない。

したがって、厳しい目をもつアクティビストがＧＥに投資したことは、社内ではグッドニュースとして迎えられた。その期待に応えなければいけないというメッセージも社内に向けて発信された。アナリストたちも同じように見たと思う。

株価で意識しているのはやはり周囲との比較で、具体的にはアメリカのＳ＆Ｐ５００種株価指数だ。２０１５年はその平均をかなり上回ることができたので、素直によいことだと考えている。

昔のように、ひとりの投資家の動向によって株価が左右される時代ではすでにない。景気や環境が悪いなら、そのなかでいかに他社より優るかという考え方が強くなってきたように思う。

ＩＲの対応も、かなり変わってきた。ＧＥのように成果が出るまでに時間のかかる足の長い事業をもつ企業は、四半期ごとだと整合性を取りづらいところがある。そのため、目標についても昔ほど四半期ごとには公表しなくなっており、基本的には1年単位である。また、短期的な戦略や数字について発表するときも、期間目標値に少々幅をもたせることが増えている。

すべてはイメルト改革に収斂する

GEの株価について、最近のアメリカの一般投資家のコメントは総じて好意的といえるだろう。「さすがGEの底力だ」「イメルトが苦しんでいると聞いていたが、それだけのことはやっている」というコメントを読むと、本当にそのとおりだと思う。実際、これだけの大きな変化が一気に進み始めたいま、これまで辿ってきた道を振り返るとすべてが一本の道としてつながっている。

まず、ポートフォリオの組み替えを継続して行い、プラスチック事業がなくなり、メディア&エンターテインメント事業がなくなり、さらにここにきて過去最大の売却となった金融部門の売却があった。同時に、過去最大のアルストムの買収があった。これによってポートフォリオの組み替えは完了し、真のインダストリアル・カンパニーの体制が整った。おそらく、イメルトは随分昔からそうした構想をもっていたと思う。少なくとも、金融危機の前から現在の姿を念頭に置いていただろう。

しかし、時代は彼の予想を超えてさらに変化した。将来を考えると現状の姿では強みが乏しいと感じ、デジタルソリューションの付加価値を加えて「デジタル・インダストリアル・カンパニー」を標榜し、特別な企業に変えようとしている。だからデジタル部門の強化に12億ドルもの大きな投資を行ったわけだ。

いまGEが目指しているのは、お客さまのOutcome（成果）につながるソリューション・プロバイダーになることだ。たとえば、単なるB2Bの法人向け事業ではなく、その先のお客さまを意識した「B2B2C」という考え方をもつことである。直接のお客さまは「B」だが、そのお客さまが何を必要としているかを考えると、その先にいる「C」の人たちをいかに満足させるかであり、それがお客さま「B」の求める成果となる。

従来は、目の前のお客さまである「B」のニーズに焦点を絞りがちだった。たとえば、医療機器のMRIを改善する場合でも、これまでは画像の鮮明度をさらに上げてはどうかなど、医療関係者の視点を中心に考えることが多かった。しかし、調査してみると、患者さんのなかにはMRIから発せられる音が気になるという人が多いことがわかり、音の出ないMRIをつくって高評価を得ることができた。

同様に、航空会社は乗客をより早くより安全に送り届けることを成果として望んでいるし、電力会社はより安価でより安定した電気を各家庭に届けることを目標としている。

これまでもお客さまの成果まで意識したサービスを志向してはいたが、イメルトの方針によって、その方向性がより明確になった。

そうした会社になったのであれば、社内文化も変える必要があると、組織のカルチャーチェンジにも取り組んでいる。第5章で詳しく紹介するが、ミレニアル世代のような人たちにやりがいを感じてもらえるような会社にするために、人事評価システムの変革にも取り組んでいる。

さらに、事業に関して言えば提携や協業への取り組み方もかなり積極的になってきた。一言でいえば排他的でなくなり、多くのパートナー企業と手を組んでＷｉｎ－Ｗｉｎの関係を構築しようとしている。そのぶん若い世代に受け入れられやすいカルチャーになってきたと思う。同じようにトレーニングの方法も変わり、いまは参加型になっている（第6章参照）。このように、イメルト改革はすべてがつながっているのである。

思い切った決断は明確なビジョンがあってこそ

同じ重電業界でも、GEの利益率が日本の同業他社より高いのは、事業集中の効果によるものだと捉えている。もちろん日本企業が利益率の低い事業を抱えるのは、祖業であるとかトップの思い入れが強いなどさまざまな事情があってのことだろう。その点GEは、事業売却に当たってそうした事情をすべて捨て去って決断をしてきた。なぜそれができるのか。それは、やはりビジョンが明確だからである。

GEのビジョンや方向性は全社員で共有されている。だからこそ事業売却に当たっても、社員の納得と共感が得られやすい。売却によって仲間と離れることはつらいことだが、ビジョンが共有されていたことで、「GEがビジョンを貫くのであれば、イメルトの決断はやむを得ない」という納得感が得られるのである。

私はこれまで何度か、本社の戦略にしたがって現場でリストラを実行する側に立ってきた。その経験から言うと、GEの社員は膝を突き合わせてじっくり話すと、最後はみな理解してくれたものだった。

日本の会社では、リストラされる人たちへの配慮から、あまり思い切って事業を切り離せない、という話をよく聞く。たしかに、人材をできるだけ守ってあげて、みなで苦しみを乗り越えようというのもひとつの考え方であって否定はしない。しかし、その人たちにもっと活躍できる場を提供し、お互い成長していこうという考え方にも一理あるはずだ。私たちは後者を選択する。

第3章

危機感が推し進める新たな挑戦

：デジタル・インダストリアル・カンパニーへの変貌

モノとデータの融合を具現化する

イメルトは、第1章で紹介した思い切ったポートフォリオ戦略で、産業インフラ部門に集中したインダストリアル・カンパニーをつくりあげてきた。そしてここにきて、彼はGEをもう一歩先に進めるため、さらに新しい挑戦に踏み出した。

それが「デジタル・インダストリアル・カンパニー」である。産業インフラ部門には、それぞれの業界に同じような製品をもつメーカーがある。そうした競合相手より一歩先を行くには、より付加価値を高める必要がある。そのために、現在のマーケット動向を見て、これから最も必要とされるもの、最も付加価値として顧客に認めてもらえるものとして、IoT(Internet of Things=モノのインターネット)を選択した。

いままで培ってきたハードウェアのテクノロジーを提供するだけにとどまらず、そこから集めたビッグデータを分析し、それらの機器をより効率的に、より安全に運用できるソリューションを併せて提供できることがこれからの勝ち組になる一番のポイントと考え、大きな情熱をもって活動している最中である。

イメルトが抱いた危機感

この一連の改革を推し進めてきた背景にあったのは、繰り返しになるが危機感だった。GEはこれまでテクノロジーを重視して大きな投資を行ってきたが、製品の技術競争だけでは明確な優位性を維持するのが難しい時代である。一方でグーグルやアマゾンに代表されるITカンパニーやソフトウェア・カンパニーが伸張し、ソフトウェアを中心としたソリューションの提供によって、お客さまに付加価値を与えている。彼らはソフト単品でなく、ハードウェアをより便利に効率的に使うためのソフトウェアも提供し始めており、付加価値の源泉はハードそのものより徐々にそちらに移りつつある。

このままいけば、我々のような産業機器、いわば箱モノを世界中に納めているハードウェア・カンパニーは陰の存在になってしまう恐れがある。彼らITカンパニーの基本的な戦略は、ハードウェアからデータを拾い上げ、そのデータをソリューションに加工して顧客に提供し、付加価値を感じてもらうことにある。彼らに主導権を握られれば、我々ハードウェア・カンパニーは彼らに箱モノを提供するだけの下請けのような存在になりかねない。

そうならないよう、ハードとソフトの両方を提供できる体制を目指したのだ。ITカンパニーにはガスタービンや航空機エンジンなどのハードウェアはつくれない。そこで、ソフトウェアとデータ・アナリティクス（データ解析）に思い切った投資を行い、従来の「ハードウェア・テクノロジー・カンパニー」に加えて「ソフトウェア・ソリューション・カンパニー」の強みを併せもつ会社を目指す。言い換えれば、「デジタル技術と産業機器の統合と活用」である。この事業戦略が実現すれば、GEのさらなる成長が期待できる。

ただし、我々にとってソフトウェアビジネスへの進出は経験のないことであり、大きな賭けでもある。しかし、将来を考えればこれに挑むしかない。成功させれば必ず最強の会社になれる、という信念のもとにイメルトはこの決断に至った。

「デジタル・インダストリアル・カンパニー」の3つの原動力

GEが目指す「デジタル・インダストリアル・カンパニー」の根幹となるのは、

図表3-1　デジタル・インダストリアル・カンパニーの3つの主軸

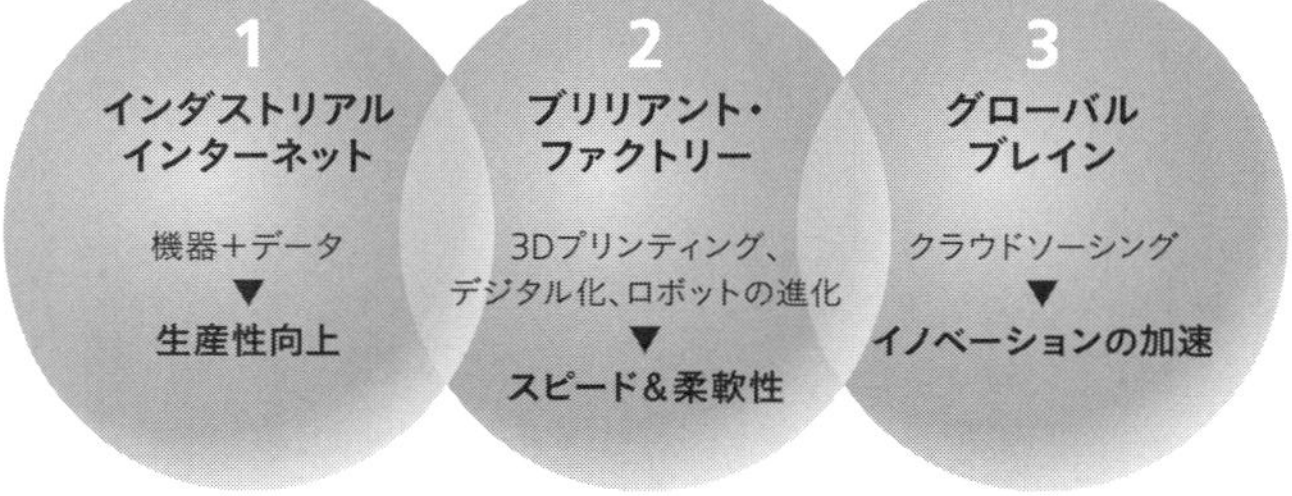

やはり産業インフラ部門である。その原動力として、イメルトは次の3つを挙げている（**図表3－1**）。

ひとつ目は、私たちがいま盛んに提唱している「インダストリアル・インターネット」だ。いわゆるIoTである。大まかに言うと、さまざまな産業機器とインターネットを連動させることでリアルタイムに吐き出されるビッグデータを分析してソリューションを生み出し、顧客の生産性向上につなげていくことである。

2つ目は「ブリリアント・ファクトリー」だ。新しい製造技術や新しい材料、新しい設計技術、たとえば3Dプリンタなどの導入や製造プロセスの可視化を通じて、これまでの素材や工程ではできなかったような製品、あるいはいままでにないスピードでそれをつくるということだ。新しい技術を貪欲なまでに取り入れ、従来よりも飛躍的に進んだ製造業に変化していくことを狙いとしている。

3つ目は、私たちは「グローバル・ブレイン」と呼んでいるが、一般にいうところのオープン・イノベーションである。インターネットを通じて世界中のありとあらゆる役に立つアイデアや知恵を取り込むと同時に、私たちの技術もできるだけ公開して、外部の協力を仰いで新しいものを開発する。要するに、社内ですべてを開発する必要はないということである。

それぞれ、GEにとって、大きなカルチャーチェンジとなるが、この3つを柱として、新しい製造業になることが現在の目標となっている。「インダストリアル・インターネット」「ブリリアント・ファクトリー」「グローバル・ブレイン」を、もう少し詳しく説明しておこう。

原動力1 インダストリアル・インターネット

「インダストリアル・インターネット」の基本コンセプトは先述のとおり、「機器同士をつなぐことで得られる膨大なデータを知見に変え、さらにその知見から成果を生み出していく」ことにある。

産業用機器にはさまざまなセンサーが付いており、インターネットを通じリアルタイムにビッグデータが得られる。ポイントは、そのデータをいかに分析するか、そしてそれをいかにソリューションに変えていくかというところにある。データを知見に変え、さらにソリューションに加工して顧客に提供し、それによって顧客の生産性を向上させて顧客のOutcome（成果）にする。インダストリアル・インターネットのポイントはここにある。

GEはインダストリアル・インターネットをスタートさせるために、2011年、シリコンバレー（カリフォルニア州サンラモン）にソフトウェア専門の開発拠点「GEグローバル・ソフトウェアセンター」を新設した。ここにはいま、1200人のソフトウェア・エンジニアが働いている。私も現地に行ってきたが、驚くことばかりだった（写真）。

というのも、これまでのGEのグローバル・リサーチ（R&D）センターは正真正銘のハイテクセンターだった。グローバル・リサーチセンターは世界各地に設置されているが、すべて同じタイプで、10〜20年にわたってハイテク技術に携わってきた博士号をもつエンジニアが大勢集まっていた。

ところが、このグローバル・ソフトウェアセンターはまったく雰囲気が異なる。服装からしてみなポロシャツにGパン、スニーカーとカジュアルである。出退勤も、働く場所も自由で、与えられた目標とその期限さえ守れば何の拘束も受けない。よくグーグルのオフィスがテレビで紹介されるが、まさにあの雰囲気だ。5年前のGEでは誰も想像できなかったような環境であり、新しい時代がきたことを実感させられ、非常に面白いと思った。

新設されたソフトウェアセンター内部

もっとも、これだけの短期間に優秀なＩＴエンジニアを１２００人集めるにはリクルーターもかなり苦労したようだ。

ＧＥでは目下、このグローバル・リサーチセンターばかりでなく世界に約１万５０００人のソフトウェア・エンジニアが働いている。いまや大きなソフトウェア会社のようになっている。

プレディックスの開発

インダストリアル・インターネットの実現は、「プレディックス（PREDIX）」というプラットフォームの存在抜きには語れない。プレディックスというのは、２０１１年にシスコシステムズから招いたビル・ルーがチームを立ち上げて開発した産業用ソフトウェア・プラットフォームである。数多くのアプリケーションを産業用機器と接続し、データ収集や分析を行って、顧客にリアルタイムでソリューションを提供することで、その機器と性能や生産性向上につなげられる。それを活用した「プレディックス・クラウド」というクラウドサービスも提供している。お客さまに提供するすべてのソフトウェアは、この共通のプラットフォーム上でつくることになっている。その環境を広く公開しており、登録すれば誰もが利用できる。

ＧＥ全社共通のプラットフォームができ上がったことで、開発が大いに便利になった。これまでは各事業部がそれぞれ独自にソフトウェアをつくっていたことから、共通の横展開が難しかったが、このプレディックスによって共通のやり方でソフトウェアを開発できるようになった。なおかつお客さまと共同でソフトウェアを開発する際にもこれを使えばさらに効果的だ。

また、施策の一環として「PREDIX.io」という開発者向けのポータルサイトを開設し、ＧＥデジタル・アライアンス・プログラムを通じたパートナー企業の募集も開始した。すでにアクセンチュアやＡＴ＆Ｔ、シスコシステムズ、インテル、オラクルやマイクロソフト、日本からもソフトバンクといった有力企業がグローバル・パートナーに名を連ねており、２０１６年末までにプレディックスの開発者は２万人にのぼると予測している。

なお、高品質なネットワークがあり、成熟した産業と革新的な技術が揃っている日本は、プレディックスの普及を目指す、最初の５地域のひとつに選ばれている。

最も効率のよい飛行ルートを探り当てる

インダストリアル・インターネットのビジネスが始まってすでに３〜４年経過し

ており、2年前から展開事例も出始めた。

ここでは数例だけ紹介しておこう。

ひとつは航空機エンジンの事例だ。これまでも我々が提供するエンジンには数十ものセンサーが組み込まれており、常に幅広い情報が入ってくるようになっていた。部品の回転数や温度、摩耗度合いをリモートで定期的にチェックして、交換時期を事前に教えてくれるプリベンティブ・メンテナンス（予防保全）にいままでも使われてきた。しかし、せっかく大量のセンサーがあり、さまざまな情報を発信しているのに、保全だけに使うのはあまりにもったいない。それを使ってお客さまに直接役立つソリューションを提供できないかと考えた。それができれば、我々の製品の付加価値も高まることになる。

そこで、これまでに蓄積された航空機エンジンや航空機から得られる各種のデータをアルゴリズム（情報処理のための数式）に基づいて分析し、航空機の運行調整や飛行計画を最適化するソリューションを提供することにした。「フライト・エフィシェンシー・サービス」というソフトウェアを利用し、機体や運航、気候、整備等に関する膨大なデータをタイムリーに分析して航空機の運航調整や飛行計画を最適化し、コスト削減を支援するものである。現在、世界31社の航空会社と契約して

インダストリアル・インターネットの進むビジネス

ガスタービン

航空機エンジン

トランスポーテーション

いる。

たとえば、マレーシアの航空会社・エアアジアでは、同国のペナン空港に着陸する際、飛行ルートが一定ではなかった。しかも、私たちが積み上げた知見やデータを分析した結果、これまであまり効率のよいルートで着陸していなかったことがわかったのである。

そこで、従来よりも別の航路のほうが早く降下でき、燃料もセーブできるとアドバイスした。実際やってみるとまさにそのとおりだった。このように、降下プロファイルや地上滑走時間、機体仕様などに基づいた正確な試算が可能になっている。エンジンの性能とは直接には関係しないものの、お客さまにとって重要な成果である燃料コストの削減につながるソリューションに我々が手助けすることができたのである。ひいては、我々がつくるエンジンの付加価値を上げることにもつながった。それによってエアアジアは２０１４年に約10億円のコストダウンが図れている。

ディーゼル機関車の6・3％の燃料削減

２つ目の事例は、トランスポーテーション事業のディーゼル機関車のソリューションである。ＧＥが製造するディーゼル機関車にはトリップオプティマイザーというソフトウェアが付いている。さまざまな貨物列車が世界のさまざまな線路を走るなか、路線ごとに最も効率のよい走らせ方をソフトウェアで分析し、その情報をお客さまに提供している。

ディーゼル機関車は非常に長い距離を走る。当然、カーブもあれば上り下りもある。最も燃料効率のよい走り方は、できるだけブレーキをかけず、また減速せずに到着地点までたどり着くことで、それがお客さまである鉄道会社の最大のニーズとなっている。

センサーとソフトを組み込んだ列車を走らせると、この地点でムダなブレーキをかけている、この場所はこれまでのようにスピードを落とさなくても安全が守れるなどという情報やソリューションが出てくる。これらを提供することによって、米国のノーフォーク・サザン鉄道では6・3%の燃料削減につながり、平均時速も10%以上上げることができた。これは鉄道会社にとって、大きなインパクトのある成果だ。

このシステムは2009年の導入以降、走行距離は1億マイルを超えている。いま世界で2500台のソフトウェアを組み込んだ貨物車両が走っており、さらに2000台の発注を得ている。

風力発電の発電能力を向上させる

3つ目の事例はドイツのエネルギー大手エーオンの風力発電所だ。大規模な風力発電では、風力発電用タービンをひとところにまとめて建てることになる。ここには283本が立っており、同社にとって大きな投資になった。そのため、できるだけ効率化を図りたいという強いニーズがあった。

私たちが提供する風力発電用タービンの中にはセンサーが組み込まれており、それぞれ風を感じるようになっている。そのセンサーからの情報をもとに、そのときどきの風の強度や向きによって羽根の角度や向きを変えるシステムをつくった。風上にある風車と、風下の風車では風の当たり方が違ってくるが、センサー同士が連動して自動調整するソフトを組み込んだことによって、風力発電所全体の発電効率が4・1%向上したのである。わずか4・1%と思われるかもしれないが、発電効率が収支を左右する風力発電事業者にとっては大きな違いで、これもお客さまから非常に喜ばれた。

原動力2
ブリリアント・ファクトリー

2つ目の「ブリリアント・ファクトリー」はグローバルなサプライチェーンのシンプル化やモノの再設計・再創造、工場の変革などにより、新しいものづくりを実現していく取り組みだ。新しい製造方法や新しい技術によって製造業そのものが大きく変わり、新しいものづくりを可能にする。いずれはサプライチェーンそのものが大きく変化する可能性もある。

代表的な例が3Dプリンタである。たとえば、先にも述べたとおり我々の航空機エンジンには数多くのセンサーが付いている。そのセンサーからの情報で、エンジンの部品交換が必要と判断すれば、事前に必要な部品のパーツをつくり、航空会社に発送してきた。

3Dプリンタでパーツがつくれるようになれば、その仕組みが大きく変わる。3Dプリンタをお客さまである航空会社に置かせてもらえば、必要なときに設計データをインターネットで送るだけで、3Dプリンタがお客さまの現場で製品をつくってくれる。そうなれば運送や輸入手続きも不要となる。

また お客さまに近い場所で製造することは、速さにもつながる。供給そのものが速くなり、お客さまからのフィードバックも速くなる。これにより、将来、いまは人件費の安い国で生産している製品も、日本向けのものは日本で、アメリカ向けのものはアメリカに工場を戻して対応する可能性も十分に考えられる。

設計や部品自体も変わってくるだろう。いままでは人の手ではどうしてもつくれなかった微細な金属加工も3Dプリンタによって可能になる。

工場の概念も一変する。もしかすると金属加工の工場がこの世からなくなってしまうかもしれない。少なくとも3Dプリンタが工場に並ぶようになると、金属加工による切り粉が生じず潤滑油も必要なくなって、金属部品をつくる工場が非常にクリーンな施設になるだろう。このように、3Dプリンタは夢が大きく広がる技術なのである。

GEは、すでに3Dプリンタを多くの現場で使用している。ひとつは次世代航空機エンジン「LEAP」の燃料ノズルだ。これまでは18個の部品をろう付けや溶接でひとつの部品に組み立てていたが、いまは3Dプリンタで一体成形するようになった。金属加工や溶接などの工程が一切なくなったため非常に効率がよく、25%という大幅な軽量化を果たすとともに強度もアップした。3Dプリンタを使用することで、生産性が上がり、部品の性能も向上したわけだ。

日本でも、新潟県の刈羽事業所にあるバルブ生産工場で3Dプリンタを導入している。複雑な形状のため、いままで完成まで3ヵ月くらいかかっていたバルブが3週間でつくれるようになった。しかも、耐久性は従来製品の5倍に向上した。

さらに、GEで最も先進的といわれるサウスカロライナ州のグリーンビルにある「アドバンスト・マニュファクチャリング・ワークス」という発電タービンの工場を今年7300万ドル投資して建設したが、ここではいま16台の3Dプリンタが稼働している。同工場ではそれ以外にも最新鋭のセンサーやモニタリング設備を導入し、ブリリアント・ファクトリーのモデル工場になっている。

コストを下げながら品質の向上を図る

現在の私たちは、お客さまのニーズ次第で戦略はなんでもありだ、と考えている。これまでの固定観念を捨て、お客さまの真のニーズを探るという原点に立ち戻ると、いままで見えなかったものが見えてくる。

たとえば、我々のお客さまである医療関係者のなかには高性能なＣＴを求めるお客さまもいれば、もっと安くてもっと使いやすいほうがいいというお客さまもたくさんいる。そのため、できるだけ柔軟に、できるだけ多くのニーズに合致するようにビジネスモデルを変えていくことを基本的戦略とするようになった。

実は、これは私たちにとっては大きなカルチャーチェンジだった。昔は提供する側から発想するインサイドアウトの考え方が強く、長年かけて徹底的に分析してつくったＧＥ製品は完璧なものなのだから売れるに違いない、というメンタリティをもっていた。

しかし、いまや時代は変わった。国やマーケット・セグメントごとに、お客さまの類型やニーズは大きく違う。それらにできるだけ合致するように製品・サービスを変えていく必要がある。

要するに、お客さまのニーズに合わせたカスタマイズが重要なのだが、カスタマイズするとコストが上がってしまうため、他のところでコストを下げる策が必要になる。そのひとつがブリリアント・ファクトリーである。それによって、細かなカスタマイゼーションが可能になるばかりか、これまでにない効率化を図れる。コストを下げながら品質の向上を図れるというのが、基本的な考え方である。

原動力3
グローバル・ブレイン

3つ目の原動力が「グローバル・ブレイン」。一般にいうところのオープン・イノベーションである。これもGEにとっては新しいカルチャーだ。情報社会の進展により、インターネットを通じてさまざまな情報を世界中から集め、製品に取り込んでいくことがソフトウェアの世界から先んじて始まり、いまでは広く当たり前のように行われている。GEでもグローバル・ブレインの一環として、公募がよく実施されるようになってきた。

しかし、私たちのような歴史ある会社には、自社のテクノロジーに自信と誇りを強くもつベテランのエンジニアが数多くいる。彼らは、細部の技術まですべて自分たちで開発し、分析やテストを徹底的に行い、完璧なものをつくり上げて世の中に出すことをモットーとしてきた。それだけに、「こういうものをつくりたいけど、何かいいアイデアない?」と外部からアイデアを募ることには当初、大きな抵抗があったようだ。

だが、公募してみると社内で誰も思いつかなかったようなアイデアが集まった。いまではエンジニアたちも、公募を開発手法のひとつと認識するようになっている。

例を挙げると、2013年に3DCADをテーマに世界中のエンジニアやデザイナーが参加するオープンコミュニティ「GrabCAD」とのコラボレーションがある。次世代航空機エンジンの重要なパーツの設計と製法を、世界中から募集したのである。56カ国から700件以上の応募があり、最終的にインドネシアの若いエンジニアのアイデアが最高点を獲得して採用された。

次世代エンジンの重要なパーツのデザイン・製法に、インドネシアの、しかも航空機産業とはまったく縁のなかった若いエンジニアのアイデアが採用されるなど、これまでのGEでは考えられなかったことだ。もちろん安全性について、GEの技術者が徹底的に評価して本採用になった。

学生を含め世界中の頭脳を活用

大学生を対象にした「インダストリアル・リミックス・チャレンジ」というコンテストも始めている。世界中の大学生を対象に、GEの既存製品の新しい用途を考えてもらおうというコンテストである。たとえば、医療用機器のMRIなどをまったく違う用途に使うアイデアを募集した。

これにも世界中の学生からアイデアが寄せられ、2016年初めに最優秀アイデアが発表されたばかりだ。その学生をニューヨークに招待し、GEがスポンサーとなっているテレビショーに出演してもらった。このようにグローバル・ブレインに真剣に取り組むことが、社内カルチャーとして構築されつつある。

このように、今後は働くスタイルの変化に合わせ、ネットを使って不特定多数の人々に業務を外注するクラウドソーシングを進めていく予定である。それによって世の起業家精神と創造性を刺激したいと思っている。

日本もオープン・イノベーションに積極的に取り組んでいる。そのため、GEジャパンの本社オフィスの一部をグローバル・イノベーションセンターに改装した。日本に埋もれている素晴らしいアイデアを可能な限り取り上げたいと思っている。イノベーションセンターでは、産官学の領域からさまざまな有識者に集まってもらってアイデアを出し合う。また、世界各地の研究所とビデオ会議を行い、リアルタイムでディスカッションしながらイノベーションを生み出す場にしたいと思っている。

また、2年に一度、ジャパン・テクノロジー・イニシアチブというオンライン技術公募を行っており、日本の優れた技術をGEのグローバルイノベーションにつなげる重要なプログラムになっている。

戦略でなく全社員共通の目標として打ち出す

「デジタル・インダストリアル・カンパニー」は、イメルトが2015年に発表したビジネス・イニシアチブである。

GEが経営企画部門をもたないのは、事業部門が多岐に分かれており、全社共通の統一した事業戦略を立てることが困難だからだ。戦略・戦術の立案はそれぞれの事業部門に任されているのである。

それに代わって、トップが打ち出すのがビジネス・イニシアチブ、言い換えればコーポレート方針である。全事業部共通の方針であり、全社員の目標となるものだけにシンプルなキーワードになっていることが特徴である。

私たちは「世界がいま本当に必要としているものを創るのだ」というエジソンの言葉をいまもGEのDNAとしている。イメルトはそのエジソンの言葉を追求するために、時代の変化に応じ、全社共通の戦略として、適宜イニシアチブを打ち出している。

エコマネジネーションとヘルシーイマジネーション

これまでにも、「ecology（環境）」と「economy（経済）」という世界が直面する深刻な環境課題の解決を実現するために、2つの〝エコ（eco）〟の両立を目指した「エコマジネーション（ecomagination）」というイニシアチブがあった。イメルトがこのメッセージを出したのは、まだ環境ビジネスは儲からないと考えられていた2005年のことだった。エネルギー効率に優れた製品を求めるお客さまのニーズに応えるために、お客さまに向けた価値ある製品やサービスの提供と、企業としての利益ある成長を両立させながら、環境問題に対する革新的なソリューション開発に投資してきた。

新たに、2009年に打ち出された「ヘルシーマジネーション（healthymagination）」では、ヘルスケア分野のイノベーションに60億ドルを投資し、「より身近で質の高い医療をより多くの人々に」提供することを目指してきた。現在も、15％の医療コストの削減、15％の医療アクセスの拡大、そして15％の医療の質の向上に向けて多彩な取り組みを展開している。

これらGEのイニシアチブの特徴は、単なるお題目ではなく、場合によっては具体的な数値目標も掲げて全社で真剣に取り組むところにある。

実際、エコマジネーションでは2015年に関連売上360億ドルを上げたほか、GEグローバルで温室効果ガス排出量を2004年比で31%削減し、水の使用量も2006年比で42%削減して、3億ドルのコスト削減につながった。

イメルトは、これまでイニシアチブとして掲げたことで必ず何らかの成果を残してきた。それだけに「デジタル・インダストリアル・カンパニー」がどれだけの収益をもたらしてくれるのか、世界のGE社員は大いに期待している。

イニシアチブは毎年違うものが打ち出されるわけではないが、2015年は「デジタル」だった。前年の終わりごろから盛んに言われ始め、これは当分変わらないだろう。

日本における
インダストリアル・インターネット

「インダストリアル・インターネット」において、そのソリューションがビジネスになる場合と、GEの機器やサービスの付加価値として売れることで既存製品のシェアアップが図れる場合の両方がある、と考えている。

おそらく当初は後者のほうが大きいだろうが、徐々に逆転していくはずだ。

当面、後者のケースで伸びそうな業種は航空と電力だが、マーケットとしてはすべての製造業がターゲットになる。その意味で製造業が多い日本は非常に可能性の大きなマーケットと捉えており、GEジャパンは環境に恵まれていると思う。

その手応えも感じている。どの業種、どの企業からも前向きに考えてもらえるからだ。日本の製造業の経営者は生産性向上に結びつくことには大変敏感であり、円高による先行き不透明感に包まれるいまはタイミングもよかった。

日本の製造業はこれまでは「リーン」や「カイゼン」の繰り返しで強くなってきた。匠の技を生かし、それによって世界をリードするレベルに引き上げてきた。

ただし、それはアナログ的な考え方に基づいたものだ。「インダストリアル・インターネット」ではこれまでの手法にデジタル化を加えていく。日本の製造業の基本的な手法や考え方はそのままに、これまでアナログでやっていた部分をデジタルに置き換えるわけである。それによって、リーンやカイゼンをもっと幅広く、もっと速くできるようになる。そのことに経営者が興味を感じてくれている。

さまざまな製造現場で効率化やオートメーション化を果たし、その製造プロセスをモニタリングし、さらにその結果を分析して、新しいソリューションをつくり出す。このサイクルが回り始めると、アナログでは不可能だったスケールでのリーンやカイゼンができるようになる。

その成功事例を、これからつくっていくことになる。「インダストリアル・インターネット」は、まだ展開し始めたところだが、今後、お客さまへの説得材料となる成功事例が間違いなく増えてくるだろう。

日野工場のブリリアント・ファクトリー化

その一例が、GEヘルスケアの日野工場だ。GEがもつ全世界400ヵ所の工場のなかから、インダストリアル・インターネットを応用した「ブリリアント・ファクトリー」の先行事例をつくることになった。その第1弾として7つの工場が選ばれ、もともとリーンが進んだ工場として知られていた日野工場がそのひとつとなった。以降、日野工場の取り組み状況はグローバルで共有されている。

「ブリリアント・ファクトリー」化計画は、次のステップを踏んで進められる。

- 第1ステップ：Get Connected
  工場内の機器にセンサーを取り付け、それをインダストリアル・インターネットに〝接続〟する
- 第2ステップ：Get Insights
  センサーから集められたデータを集積し、解析することで〝インサイト（気づき）〟を得る
- 第3ステップ：Get Optimized
  データから得られたインサイトをもとに、オペレーション全体の〝最適化〟を図る

これを、GEのソフトウェア「ブリリアント・マニュファクチャリング・スイー

ト」で実現していく。私たちは、この「ブリリアント・ファクトリー」化によって、製造にかかる時間とコストを最大20％削減できると見込んでいる。このソフトウェアはGEだけでなく、すでに国内外の多数の企業に導入されている。

２０１６年初めにはＰＰＯ（Plant Pulse Optimizer）というシステムも導入した。これは製造ラインの稼働状況を常にチェックし、さまざまな測定数値を画面にリアルタイムで表示するというものだ。このシステムによって、ラインのサイクルタイムやリードタイム、品質、歩留まりのほか出来高までが常にリアルタイムでモニタリングされるようになった。

なおＧＥは、世界に４００ヵ所ある自社工場を将来的にすべて「ブリリアント・ファクトリー」化する計画である。実際にいま、そのうちの１００ほどの工場にインダストリアル・インターネットをベースとしたＯＴ（オペレーショナル・テクノロジー）の実装を進めている。

「プレディックス」を武器にして

現在、日野工場はまだ第１段階を終えたところである。日野工場と同じく多くの工場では、この段階でのリアルタイムの見える化が意外とできていない。製造現場は総じて、拠点内でのオペレーション・テクノロジーはしっかりしていても、それがインターネットとはつながっていない場合がほとんどである。

そのため、リモートでのチェックができず、工場内でしか見ることができない。もともと、工場内でのオペレーションを前提とした設備だからだ。それをインターネットにつなげる、あるいはまずGEのプラットフォームである「プレディックス」につなげるようにすれば、いろいろな角度からの見える化、特にデータを分析しての見える化が可能になる。

日野工場は、おそらく2017年から第2段階がスタートするだろう。一方、すでに自社によって第1段階となる工場内の見える化が完成されている進んだお客さまの工場であれば、私たちが協力することで、すぐにでも集めたデータを分析する第2段階に移行することができるだろう。

その場合、「プレディックス」というオープン・プラットフォームを使っていただき、そのプラットフォーム上でお客さまのニーズに合ったアプリケーションを開発することになる。アプリケーションはGEと共同開発をしてもいいし、お客さま独自でつくってもらっても構わない。あるいは他のソフトウェアハウスやシステムインテグレーターとタイアップしてもよいだろう。我々は「プレディックス」というプラットフォームを提供することを基本に置いているだけである。

これまでGEは、そうしたオープンな提携や協業を積極的に進めない文化をもっていた。それだけに、最初はGE社内に少なからぬ抵抗もあった。オープンにすると内部事情がすべて筒抜けになってしまうのではないかと受け止められたのである。

しかし、セキュリティについては厳しく管理されている。また、お客さまの承諾が得られれば、お客さまが開発したソフトもオープンにできる。そのシステムを他社が気に入って利用することになれば、開発したお客さまにもフィーが支払われてメリットを得られる仕組みになっている。この点は、まさにスマホのアプリと同じようなビジネスモデルである。

このように、ブリリアント・ファクトリーはGE社内で実績を積みながら徐々に次のステップに進みつつある。特に第2段階となるデータの分析については大きなニーズがありそうだ。膨大なデータの蓄積はあっても分析ができていないお客さまが少なくないからだ。

現在、分析作業は主にシリコンバレーの本部で行っているが、日本でこのシステムが普及すれば、国内でも分析する能力をもたなければならない。それを内部でやるか、あるいは他社と提携してやるかはこれから決めていくことになる。

第4章

事業改革は社員一人ひとりの意識変革から

シンプリフィケーションで速い決断

前章まではポートフォリオ戦略やインダストリアル・インターネットなど、ビジネス面での変革を紹介してきた。

だが、ビジネスの中身や事業を変革するうえで、それを動かす社員の意識改革が欠かせない。社員の考え方は、それぞれの会社がもつカルチャーに大きく影響される。逆に言えば、カルチャーを変えない限り、会社は変わらないということである。

GEのカルチャーの変革は、現在のスピード社会に合わせたスピード重視が根本にある。具体的には、「シンプリフィケーション」というイニシアチブをスタートさせた。イニシアチブとは、全社共通の行動指針という意味で使われる。

シンプリフィケーションは、現状を簡素化し、さまざまなプロセスからできるだけムダを省き、早く決定ができ早く行動に移せるようなプロセスに変えることが狙いである。

かつてGEでは大企業病と思われるような現象があちこちに見られ、私自身も

「なぜこんなに決定が遅いのか」と思うことがたくさんあった。そうした大企業病を一掃しようと、複雑化した社内組織やプロセスの簡素化を図り、スピード重視のカルチャーに変革するよう全社員で取り組んできた。もっとシンプルに、もっとリスクを取ってチャレンジするカルチャーに変えることが狙いである。

たとえば、新製品開発でも、従来のようにエンジニアが社内で何回もテストし、完璧なものに仕上げてから世に送り出すプロセスでは、でき上がったときにはニーズが変わっている恐れがある。そうしたスピード社会のなかでものづくりのスピードを上げるには、技術面やプロセスの見直しだけでなく、社員の考え方や意識に立ち返って変えていく必要がある。

〝リスクを取ってやってみる〟勇気

会社のカルチャーづくりは、目指すべきビジョンややるべき戦略をトップが決め、それを社員にコミュニケートすることから始まる。トップの言葉に全社員が呼応して方向性を合わせ、それに基づいて社員が動いて、文化は初めて形成される。どんなに素晴らしいビジョンであっても、社員がそれを意識して行動に移さなければ意味はない。だから、会社のカルチャーをつくるのはやはり社員ということになる。

ＧＥの社員は、多少の個人差はあるものの、非常に前向きで自信に溢れており、チャレンジが大好きで、常に新しいものを求めている人が多い。もちろん人間だから、変化が恐ろしくないかというと、そんなことはない。ただ、「変化を怖がっていても仕方がない、いっちょうやってみるか」という前向きな姿勢をもっている。

〝リスクを取ってやってみる〟勇気と、前向きな姿勢があるからこそ、チャレンジが可能になる。そして、それが結果に結びつけば報酬や昇進できちんと評価され、それがまた、次のやりがいにつながっていく。

その仕組みが構築されていることも一種の企業文化と言えるだろう。ＧＥにはそうした仕組みがあるからこそ、変化を恐れない社員が多いのだと思う。

ファストワークスで商品化スピードを加速

「シンプリフィケーション」を推進する過程で、新たなイニシアチブとして登場したのが「ファストワークス」だ。お客さまのニーズと評価を早期に取り入れ、商品化スピードを加速することが狙いである（図表4―1）。

ファストワークスによるものづくりでは、まずお客さまが必要とする必要最小限の製品「MVP（Minimum Viable Product）」をつくる。それを実際にお客さまに試してもらって評価（計測）してもらい、そのフィードバックをもとに新たなMVP開発につなげていく。これを繰り返すことで機能や信頼性を高めていくわけである。とにかく、小さく速く行動しながら調整し、どんどんアップグレードしていこうという考え方だ。

そうしたスピード重視のやり方を徹底してきたのは、シリコンバレーのスタートアップ・カンパニーだ。これらベンチャー企業は、まずは試作品をつくってみて、顧客の意見を聞きながら調整するカルチャーをもっている。

そこで、イメルトは思い切って彼らから学ぼうと、イノベーションの起こし方を紹介した書籍『リーン・スタートアップ』（邦訳：日経BP社、井口耕二訳、伊藤穣一解説）の著者エリック・リースをコンサルタントとして迎え入れ、全社員の教育を見直した。

GEには昔から、素晴らしいアイデアであれば躊躇なく外部から取り入れて自分のものにする、というカルチャーがある。GEの品質管理の代名詞のようになった「シックスシグマ」も、モトローラが始めたものを取り入れて展開したものだ。「リーン・マニファクチャリング」はトヨタから教わって展開してきた。
「リーン・スタートアップ」についても、学べるものは何でも学ぼうと、それまでGEとはまったく縁のなかったエリック・リースに社員研修の講師を依頼したのである。

変わることを恐れないカルチャー

「ファストワークス」の考え方は、まさに単純明快だ。ともかく小さく、速くスタートし、顧客に評価してもらいながら調整していくということである。やめる場合は、そこで思い切って撤退する。方向性を変えることで修正可能であれば、すぐさま方向転換をする。

そうした柔軟な発想のもとで事業活動を行うわけで、社内で完璧なものをつくり上げてから世に出してきたGEのやり方とは、まったく逆の発想である。

社内のエンジニアたちは、それに対して当初、大きな抵抗を覚えたようだが、イメルトはエリック・リースが提唱する「ピボット」という考え方を強調して全社への浸透を図った。

ピボットとはバスケットボールのテクニックで、接地した軸足をもとに、もう1

図表4-1　社内カルチャーの変革:Fast Works

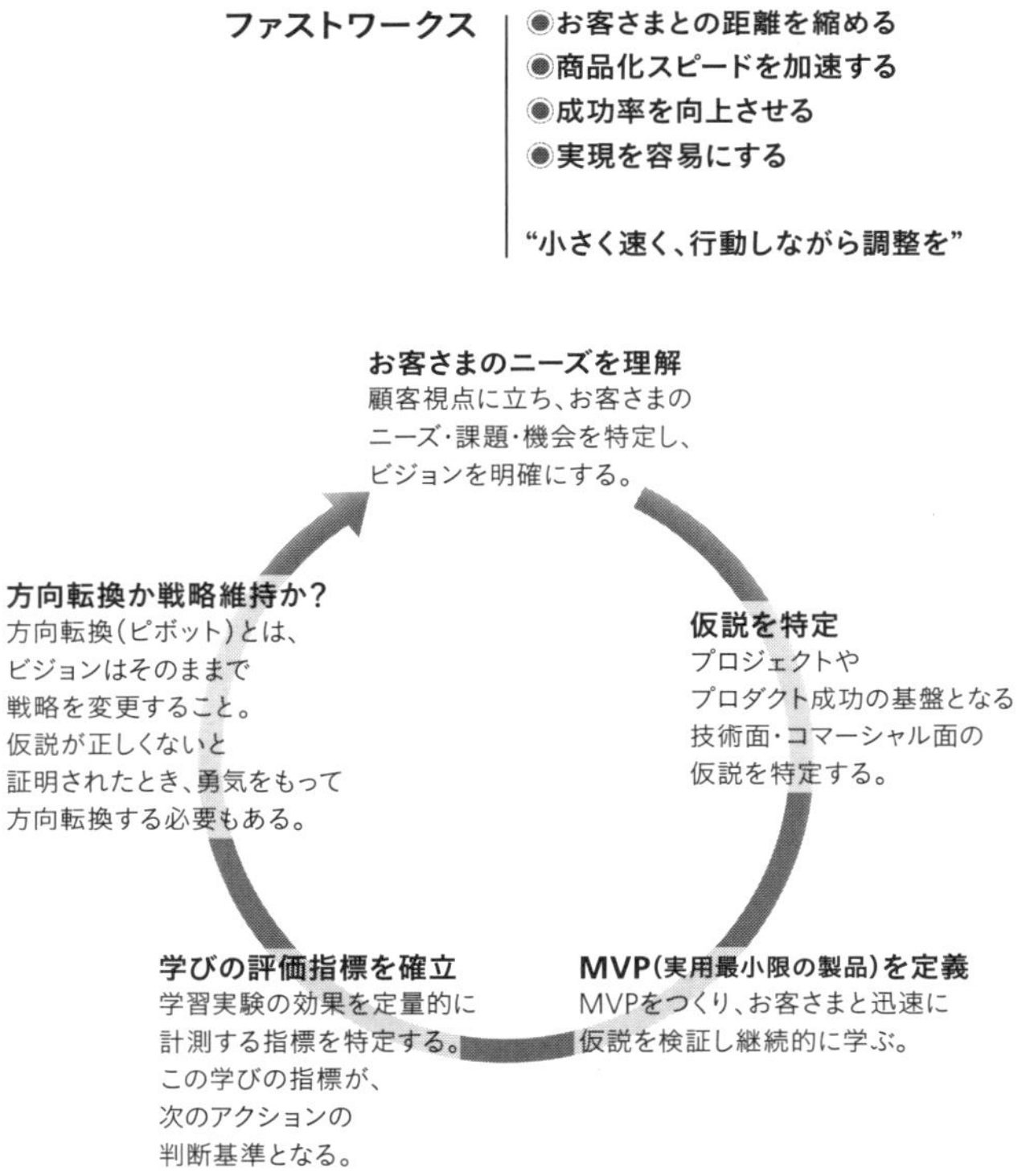
ファストワークス
◉お客さまとの距離を縮める
◉商品化スピードを加速する
◉成功率を向上させる
◉実現を容易にする
“小さく速く、行動しながら調整を”
お客さまのニーズを理解
顧客視点に立ち、お客さまのニーズ・課題・機会を特定し、ビジョンを明確にする。
仮説を特定
プロジェクトやプロダクト成功の基盤となる技術面・コマーシャル面の仮説を特定する。
MVP(実用最小限の製品)を定義
MVPをつくり、お客さまと迅速に仮説を検証し継続的に学ぶ。
学びの評価指標を確立
学習実験の効果を定量的に計測する指標を特定する。この学びの指標が、次のアクションの判断基準となる。
方向転換か戦略維持か?
方向転換(ピボット)とは、ビジョンはそのままで戦略を変更すること。仮説が正しくないと証明されたとき、勇気をもって方向転換する必要もある。

本の足を巧みに動かしてディフェンスをかわすプレーである。企業戦略としては、お客さまに提供する大きな枠組みは変えず、個々の戦略だけを機敏に変えていくことになる。具体的には、異なるシナリオをたくさん用意しておき、状況の変化に合わせながらシナリオを変えていく。

たとえば、パソコンのソフトも、1・0から始まって、すぐ1・1になり、さらに1・2にバージョンアップされる。最初から完璧を求めず、一度世に出してから改善を進める。そのやり方をタービンやMRIなどにも適用していくのだ。

そのためには、スピード感を何よりも優先し、変わること、変えることを恐れないカルチャーをつくる必要がある。それはある意味でものすごく大きな変革だが、それを思い切ってやろうと走りだしたのである。

もちろん、事業によって、方法を変える必要はある。安全性が最優先にされる航空機のエンジンを、トライ&エラーで開発するわけにはいかない。しかしスピード重視の考え方や、常に改善していくというマインドセットは、どの事業においても共通のスキルになる。

そして、社員に基本的な考え方を身につけさせたあとは、それをどう取り入れるかは各事業に任せてきた。自分たちの事業に最も適したやり方を取ればよいというスタイルで、臨んだわけだ。

方法は事業にもよるし、国にもよるし、リーダーのスタイルにもよるだろう。どのやり方もOKで、とにかくスピード重視、常に改善を目指す、というマインドだけはもってほしいと訴えかけた。若い社員には、その自由度が心にヒットしているようである。


「何を言っているんだ、この若者は！」


GEで新しいことを始めるときに特徴的なのは率先垂範で、まずトップや幹部から始める。エリック・リースによる研修も、まず幹部社員から受講した。

最初の講義のときのことだ。GEの役員が集まるなか、リースが登場した。当時、彼はいまほど有名ではなく、私たち役員は彼のことをほとんど知らなかった。ビジネス用の服装でベテラン揃いのGE役員の前に、ジーンズとスニーカーの若者が演壇に立った姿を想像してみてほしい。

彼の第一声は「これからの会社は、いまみなさんがやっているような仕事の進め方では生き残れません」だった。私を含めた役員たちは「何を言っているんだ、この若者は！」という顔になった。しかし、彼の話を聞くうちに「なるほど、そういう時代かもしれないな」という気持ちになってきた。

彼の話は、次のようなものだった。

「ともかく、いまはスピード社会だ。情報はあっという間に広がっていく。みなさんがおもちの情報もみなさんが思うほど、特別な情報ではなくなっている」

「情報はどこにでも転がっている。問題はその調整のスピードだ。速ければ速いほど勝ちにつながる。ITのスタートアップ・カンパニーはそれによって成功した」

「大企業であれ、テクノロジー・カンパニーであれ、スピード感を取り入れない企業は今後衰退していく」

彼の話が終わったとき、役員たちの顔に危機感が浮かんでいたものだ。彼はその後、幹部社員向けのワーク・ショップも行っている。そのトレーニングを受けた社員はすでに数万人を超えており、ゆくゆくは全社員30万人が「ファストワークス」のトレーニングを受けることになるだろう。

その普及の手順はかつてのシックスシグマのときと同じだが、私の経験からいって「ファストワークス」は、GEの社員に対しシックスシグマよりもはるかに大きな衝撃をもたらしている。

ちなみに、エリック・リースを講師に招く直接のきっかけとなったのは、コーポレート・マーケティングに所属する、ある社員が彼の本を読み、サイン会に出向いたことだった。その社員は彼から直接話を聞いて、さらに感銘を受けた。「いまGEに欠けているものがここにある」と感じたその社員は、上司である女性のCMO（当時）にそのことを伝え、彼女がそれをまたイメルトに話して実現したと聞いている。

このエピソードからも、イメルトが社員の声を広く聞くタイプのトップであることがおわかりいただけると思う。

エリック・リースについて、もうひとつエピソードを紹介しておこう。こちらはある記事で読んだ話だが、初めてイメルトと面談する日、彼は緊張してスーツを着込んでGEの本社に来たそうだ。すると、ジーンズ姿のイメルトが現れ「シリコンバレーから来た君が、なぜスーツなんか着ているんだ？」と親しみを込めて言ったそうである。彼はそんなイメルトに魅了され、GE幹部へのレクチャーを引き受けたという。

全社共通の行動指針となるイニシアチブ

ＧＥは、ビジネスごとに戦略やビジネスモデルが異なるのは当然と捉えている。というのも、各事業ともスケール感やビジネスサイクルが大きく異なることから、統一した手法を指示することは現実的ではないからだ。だが、「シンプリフィケーション」のようなイニシアチブに関してはすべて共通の行動指針、スキルになる。

そして、その達成度合いは、事業間で競争をさせている。たとえば、「シンプリフィケーション」はどの事業が最も進んでおり、どこが一番遅れているのかを明らかにして、事業ごとに競争心をもたせるようにしている。

同じくイニシアチブのひとつである「ＧＥストア」も、大きな成功があった地域は全社に紹介し、表彰して競争心をかき立てている。その意味でも、ホリゾンタルな横串となるイニシアチブは全社をひとつにまとめ上げる効果をもっている。

イニシアチブは数年程度で変更されるものもあるが、すべてをシンプルにという「シンプリフィケーション」などはある意味、未来永劫のものでもある。言ってみれば、終わりなき改善のようなものだ。

また、時勢や環境の変化によっては、いまはこれに集中しなければいけないという時期もある。連綿として続けてきたことでも、まだまだ不十分で、もっと徹底して取り組まなければならない場合は、新しいイニシアチブとして「シンプリフィケーション」の旗をもう一度振ればいいという考え方である。

捨てるべき文化と守るべき文化

今回のイメルト変革のなかでも変わらないどころか、いっそう推進されているものもある。

そのひとつが「ストレッチ」される文化だ。GEの特徴的なカルチャーとして、転職してきた社員はまず、このストレッチされる文化に戸惑う人が多い。もちろん、ストレッチ目標は多くの会社で行われているが、GEでは特にそれが徹底されているからだ。

たとえば「目標10に対して12を目指せ」というストレッチ目標が与えられ、結果的に11しかできなくても、それは自分の勝ちになる。ストレッチされなければ、10できたところで満足してしまうからだ。

しかし、それを「10もやろうと思っていたのに12かよ。そんなの無茶だな」と思いながら仕事をすると9しか結果を出せなくなる。それでは人は成長しない。ストレッチされる文化は一見厳しく見えて、実は社員の成長を強く願う気持ちが込められている。また、それによって鍛えられることで、イノベーションが生まれる。

このストレッチを〝パワハラ〟などと受け取ると、気持ちがネガティブになってしまい、できたはずのこともできなくなってしまう。逆にストレッチを自分に対するプラスアルファの期待と受け止めれば、実力以上の結果が出せることもある。

常に揺るぎないインテグリティをもつ

もうひとつ、変わらない文化として挙げられるのが「インテグリティ（integrity）」だ。これは日本語に翻訳しにくい単語のひとつで、通常は誠実さ、真摯さなどと訳されるが、GEではもっと深い意味をもたせている。あえて言うと「高い倫理観」だろうか。

GEの事業は広範にわたり、そのビジネスモデルやスケール感、あるいは価格についてもケタがいくつも違う製品を取り扱っている。

それによってお客さまの文化もそれぞれ異なる。ただ、そんななかでも共通するのがコンプライアンスに対する意識だ。GEではどんなビジネス、どんな国であろうと、コンプライアンスに違反した社員は厳しい処分を受ける。

そうした法やルールをしっかりと守って働くことを、GEでは、「インテグリティ」と呼んでいる。これについては、かつての「GEバリュー」にも「常に揺るぎないインテグリティをもって」という言葉が添えられていたほどである。

昨今、新興国のビジネスが伸びている。そうした国では一般的に、どうしても売上を伸ばすことに目が向きがちで、一部には不正と思える取引も横行している。だからと言って、GEの社員が同じようにやることは許されない。どんなマーケットであっても、また現実に賄賂が横行しているような国であっても、インテグリティに欠く取引を行った社員は重い処分を受けることを社員は理解している。

何でも数値化するカルチャーからの脱却

逆に変わったなと感じるのは、何事も数値化し、数字でコントロールしようとする「メトリックカルチャー」である。ここでは大きな改革が起こっている。

もちろん重要な数字は残すとしても、顧客満足度や社員満足度などのような、数字では表せないものを大切にするようになってきた。戦略や事業のあり方が変化したことに伴って、重視するポイントが少しずつ変わってきたということだ。

それは、GEデジタル事業ができたことがきっかけになった。ビジネスに対する考え方そのものが変化してきたのである。

そのひとつは、outcome-based sellingやoutcome-based solutionsなど、〝成果につながる〟という言葉がよく使われるようになったことだ。

要するに、顧客のOutcome（成果）につながるソリューションを提供するのがGEの仕事だということである。顧客の成果が数値化されることがベストだが、GEの製品やサービスによって、顧客の生産性が向上し、これまでできなかったことができるようになってベネフィットを感じてくれるようなソリューションを提供する。

言い換えれば真のニーズの追求である。outcome-based sellingは、ITの世界では昔から使われている言葉だが、それを全ビジネスでよく使うようになってきた。

単に既存の製品を販売するだけでなく、何をやれば顧客の成果につながるのかという考え方を広げていく。なかでもそれが最も必要とされるのが、デジタルのビジネスである。

デジタルはソリューションをビジネスとしており、ハードウェアを販売するものではない。何もないところから顧客のニーズを摑み、そのニーズに対するソリューションを考えて提供し、またそれによって他の製品の販売にもつなげていくというように、ビジネスモデルそのものが従来のGEのそれとは違う。

これは大きな転換だけに、上から命じられてやれることではない。営業担当者たちがその変化を自分のものにするには時間が必要となる。試しながら実感をもって少しずつ理解していかないと、耳で聞いたり本で読んだりしても身につかないものである。

リーダーはロールモデルとしてブレない存在たれ

文化を変えるとは、言い換えれば社員の気持ちを変えることである。GEがそのためにやってきたことは何か。

イメルトが社員の気持ちを切り替えるために強調していることは、まずコミュニケーションだ。なぜそこに向かうべきなのかというコミュニケーションが第1段階である。

第2段階は、その方向性がチームにとってどのような意味をもち、どのように解釈して進めるのか、それぞれのチーム内で腹落ちできるようなものに変え、それをコミュニケートすることである。このように、全般を含めたコミュニケーションがまず大事だと思っている。

もうひとつはlead by example（手本となれ）と言っているとおり、リーダーが常に自分がロールモデルとなってそれを実行すること。リーダーが先頭に立って実践しないと、説得力に乏しくなる。その点イメルトは、ミッション・ステートメントとして「デジタル・インダストリアル・カンパニー」を打ち出したときもそうだったが、リスクを恐れず「今年からこれでいく」と断言して、以降もブレることがない。

変革についてこられないリーダーはいらない

その一方で、昔以上にお客さまのことを考えてビジョンとストラテジーをつくっている。彼は、事業の選択と集中では、手放すものは手放し、強化するものは強化することをみずから進めてきた。そのスタイルが末端まで伝わっているわけである。そのうえで我々のようなリーダーに対しては、もっとリスクを取ってチャレンジしろと激励する。もちろん併せて責任ももってもらうが、そのほうがやりがいもあるだろうと言っている。

このようにリーダーが方向性を明確にし、リスクも責任も取ることで、部下は安心してついていけるようになる。それによって理解度が深まっていくと、部下も真似しようとなって、いい意味での広がりができてくることになる。

社内カルチャーを変えるには、まずリーダーから始めなければいけない。イメルトもここ数年で、ＩＴやソフトウェアに関する知識は5年前とは比べものにならないくらい豊富になった。

前述のエリック・リースだけでなくグーグルやアマゾンの人たちと交流し、そこから学び、吸収することはＧＥの多くのリーダーが実践している。何事も下に伝えていくには、まず自分に腹落ちをさせなければならないということも、ＧＥのカルチャーのひとつなのである。

実際、２０１６年のボカ・ミーティングでイメルトは「これまでどんなによい仕事をしてきた人であっても、変革についてこられないリーダーは、新しい時代には合わないから辞めてほしい」とまで言い切ったほどだ。

第5章

経営戦略とともに変えるべきは行動指針と評価基準

簡潔な「バリュー」から、より行動を促す「ビリーフス」に

企業では人材のあり方が文化をつくり、企業文化が人材を育む。そのためGEは、時代や市場環境に合わせて見直す経営戦略とともに、行動規範や評価制度を戦略に合ったものに改めてきた。

2015年、イメルトはこれまでGE全30万社員の心のバイブルとなっていた行動基準「GEバリュー（グロースバリュー）」をつくり変え、「GEビリーフス」を新たに導入した（図表5－1）。

従来のGEバリューは「外部志向」「明確でわかりやすい思考」「想像力と勇気」「包容力」「専門性」というGE社員としてのスピリットを5つのキーワードで示したものだった。社員はGEバリューを体現し、常に心に抱きながら仕事に取り組んできた。その指針をGEビリーフスに置き換えたのである。

その背景にあったのは、社内カルチャーをこれからの社会に合わせて変えなければ成長が阻害されるという危機感だ。

図表5-1　社内カルチャーの変革:ValueからBeliefsへ

GE バリュー	GE ビリーフス
External Focus 外部志向	**Customers Determine Our Success** お客さまに選ばれる存在であり続ける
Clear Thinker 明確でわかりやすい思考	**Stay Lean to Go Fast** より速く、だからシンプルに
Imagination & Courage 想像力と勇気	**Learn and Adapt to Win** 試すことで学び、勝利につなげる
Inclusiveness 包容力	**Empower and Inspire Each Other** 信頼して任せ、互いに高め合う
Expertise 専門性	**Deliver Results in an Uncertain World** どんな環境でも、勝ちにこだわる

これまで連綿と受け継がれてきたGEバリューは、いま、GEがもつ強みを下地に、GEの社員たるもの、この行動基準をもつべきだという5つのブレットポイント（要点の箇条書き）で示されていた。

一方、GEビリーフスは「GEは世の中の変化に合わせてこれから体質を変化させるので、あなた方も変わってほしい」という思いをベースにした5項目だ。それぞれの項目がよりヒューマンタッチになっており、キーワードではなく文章で構成されている。

・お客さまに選ばれる存在であり続ける（Customers Determine Our Success）
・より速く、だからシンプルに（Stay Lean to Go Fast）
・試すことで学び、勝利につなげる（Learn and Adapt to Win）
・信頼して任せ、互いに高め合う（Empower and Inspire Each Other）
・どんな環境でも、勝ちにこだわる（Deliver Results in an Uncertain World）

これから我々が目指すべき方向を示したものになっている。ある意味では非常に正直に、「いまはまだ不足しているから、みんなでもっと改善していこう」とするメッセージである。その点で、GEバリューの「いまのあなたはこうあるべきだ」というのとは考え方がまるで違う。受けいれる側の世代の変化も多分に意識したもので、実際、若い世代にも腹落ちしやすい内容だと思う。

昔ながらの軍隊組織のようなトップダウン式の命令口調のメッセージは、いまの若い人の心には届かない。GEバリューもGEビリーフスも、「顧客を中心に考える」ことは同じでも、GEビリーフスは、「顧客中心とは具体的にどういうことか」にまで踏み込んでいる。ただ単にお客さまと接する機会を増やせばよいということではなく、お客さまを本当に理解しないと意味がないと教えている。

お客さまを理解することによって、お客さまの本当のニーズを探り出していく。それはもしかすると、いまはGE製品とは縁のないものかもしれない。しかし、そこを理解しなければお客さまとの密な関係は構築できず、よいビジネスはできないのである。

ビッグウィナーになるための顧客中心主義

顧客中心主義ということでは、ウェルチ時代にもCustomer CentricityやACFC(At the Customer, For the Customer：顧客のもとで顧客のために)といったスローガンがあった。

だが、これらはどちらかというと既存のＧＥ製品をより多く売るための手段として表面的に捉えられがちであった。昔は私自身もお客さまとより密接な関係を築くため、競合相手が顧客のもとを週3回訪れるのなら週に5回通え、競合相手が購買課長と付き合っているのなら部長や社長と付き合え。そうすれば競合相手に勝てるぞという程度に解釈していた。おそらく、多くの社員がそうだっただろう。そして、当時はそれで競合に勝つことができた。

しかし、いまはそうはいかない。お客さまのニーズの本質を本当に理解していないとビッグウィナー（圧倒的な勝者）にはなれない。視野を広げてお客さまの立場に立ってものを考え、お客さまが本当に望んでいるもの、あるいは本当に困っているものを探り出すことから始めなければならない。テクノロジーやコストももちろん大事だが、それだけでは真の勝利はない。「選ばれる存在であり続ける」パートナーとなって初めてお客さまの信頼を勝ち取ることができる。手間も時間もかかるが、そのことがゆくゆくはＧＥのビジネスにつながる。そうした考え方をしようというのが、ＧＥビリーフスなのである。

日常的に引用され浸透の早かったＧＥビリーフス

ＧＥビリーフスは、何か壁にぶつかったりトラブルが発生したとき、「ＧＥビリーフスに立ち返ったらどうなるか」と原点に戻る際に、社員が日常的に意識すべき指針である。

たとえば新製品の開発に当たって、「この機能も入れるべきだ」「いや、それよりも早く開発することのほうが大切だ」と議論が沸騰したとき、「ＧＥビリーフスには、〝試すことで学び、勝利につなげる〟とある。完璧なものを目指さずに、とりあえず世に出してみるべきだ」と誰かが言うと、そこで議論が収まることになる。

あるいは、社員が上司に対し「あのお客さまは予算がないそうだから、少しレベルを落とした提案をしたい」と報告した際、上司が「その提案でお客さまの本当のニーズを満たすことができるのか。その提案はＧＥビリーフスに適ったものか」と問い掛ける。

最近、上司と部下の間で、こうした会話が随分と増えてきた。

また、日本の社員が新しいことをやろうとアメリカの事業本部に要求を出したにもかかわらず、承認が得られなかったとき、「GEビリーフスにある〝Empower and Inspire Each Other（信頼して任せ、互いに高め合う）〟に基づけば、ここは後押ししてくれるべきではないのか」などと反論する武器としてもよく使われている。行動をより具体化した指針として利用されているのである。

このように、GEビリーフスは社員の間に急速に浸透している。文章化されたことで、意味を取りやすくなったことも大きい。就業規則などのように必ず守らなければならないルールではないが、そのぶん、日常的に使えるものになった。

いまから思えば、その点で、GEバリューは少々お題目的な部分があったことは否めない。

日本語訳は公募で決めた

GEビリーフスの原語はもちろん英語だが、日本ではそれを日本語に訳して使っている。これまでグローバルから提示された英語の文書は、まず外部の翻訳会社に翻訳してもらい、コミュニケーション部門やHR（Human Resource：人事）部門などがそれを修正・補足して公表することが多かった。

しかし、GEビリーフスは、全社員が理解しなければならない大切なメッセージだ。社外に依頼するのではなく、一から社内で日本語にすればどうかという意見が多かった。そこで、いったん原文を社員に見せ、社員に翻訳してもらう方法を取ることにした。

それも直訳ではなく、自分自身で最もわかりやすいように意訳してもらおうと、全社員からアイデアを募集した。そのなかから、最も日本の社員にしっくりとくるものを選んだ。日本語のGEビリーフスが原文に決して忠実でなく、かなりの意訳になっているのはそのためである。

たとえば、Uncertain World は「どんな環境でも」と訳した。Stay Lean to Go Fast も「より速く、だからシンプルに」である。ここでの「だから」は原文には含まれていない接続詞だが、その言葉をはさむことによって、日本語としてわかりやすくなったはずだ。

応募もたくさんあった。社員の多くは、自分たちに任せてくれる、自分たちの声を聞いてもらえる、自分たちも参加できるという参加型のイベントに対してすごく喜びを感じてくれる。しかもみんなで知恵を出し合ってよりよいものをつくろうという狙いだから、社内は大いに盛り上がった。このことからも、GEジャパンは変わってきたという手応えを感じたものだ。

「セッションC」や「9ブロック」は過去のものに

行動基準が変わったことで、社員の評価方法も改革された。

GEビリーフスをどれだけ自分のものとして実践しているかが大きな評価対象となるところは変わらないが、その達成度合いを点数に置き換えて評価するというやり方は取らなくなった。

そのため、GEの代表的な人事制度であった「セッションC」や、人事評価で大きなウエイトを占めていた「9(ナイン)ブロック」「EMS(Employee Management System)」などのテンプレートはすでに廃止している。

「セッションC」は、基本的に年に一度、第1四半期末に、各部署のリーダーが自分の組織と主だった人たちの可能性と現状とのギャップをまとめてレビューするというもので、GEの戦略的な人事制度の根幹をなしていた。

そもそもセッションCという名称自体、私たちもいつから始まったのか思い出せ

図表5-2　GEの代表的だった人事制度

「セッションC」：個人を評価して昇進や育成、後継計画に生かすとともに、組織ごとの人員配置の適正化を決めて実行する。

「9ブロック」：GEで長らく活用されてきた人事評価方式で、業績の達成度とバリュー（価値観）の実践度をもとに3×3＝9ブロックのマトリクスで評価する。

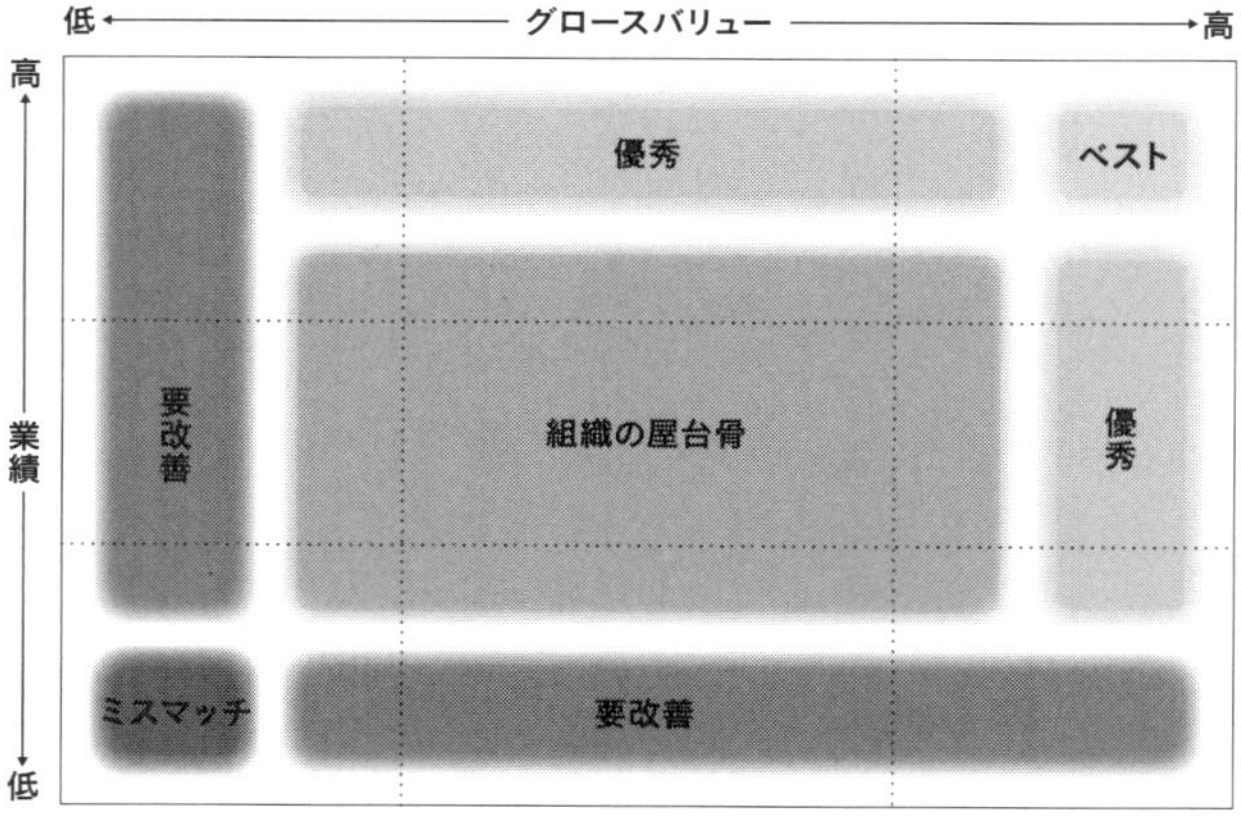

ないくらい前から使われていた。もちろん当初は意味があって「セッションC」と名付けたのだろうが、いまや社内用語としての意味しかもたなくなっていた。そこで、もっとわかりやすい名称にしようと、そのものズバリの「ピープルレビュー」と名付けたわけである。

ピープルレビューもセッションCも、目的とするところはタレント（能力、適性）のレビューという点では同じである。ただ、そこに至るプロセスとその場で話す内容が少々変わった。ピープルレビューでは、組織戦略や人事戦略に拘泥せず、個人個人の可能性をディスカッションすることにフォーカスしている。

かつてのセッションCは数十ページもの資料を作成し、それをもとに組織の課題を議論するとともに、社員一人ひとりをレビューするものだった。なかでも重視されたテンプレートが9ブロック（**図表5-2**）だった。9ブロックは縦軸にパフォーマンス（業績）、横軸にグロースバリュー（価値観）を取り、その2軸を3つのレベルに分けて9つのブロックからなるマトリクスをつくり、それぞれの社員をブロックにおさめ、レーティングするというものだった。

そのため、「セッションC」では個々の社員のレーティングがかなりの要素を占めていた。マトリクス内には「ベスト」「優秀」「組織の屋台骨」「要改善」「ミスマッチ」と名付けられた個人別の評価があり、誰がどのブロックに入り、昨年と位置が変わったのはなぜかということなどが、議論の大きな材料になっていた。

「9ブロック」はウェルチ時代から親しまれていた人事評価システムで、これまでGE社員の成長に多大な貢献をしてきたことは間違いない。ただ、より公平で精緻な評価をするための資料づくりに、人事部門とラインマネージャーに大きな負荷がかかっていたことも事実だ。

そこを一気に簡素化したのである。細密な資料をもとに議論するより、その人の成長を願ってもっと自由にディスカッションしたほうがより有意義だからである。実際、ピープルレビューに変わり、求められる資料はわずか数枚になった。リーダーは担当するチームの組織図とメンバーの顔写真を用意して、彼はこう、この人はこうと上司とフリーディスカッションするレビューになっている。

最も重要なことは、その人を今後どのように育てていくか、そのためにリーダーや会社がどのようなアクションを起こすか、である。セッションCにあった、「この人はA評価かB評価か」などとレーティングする要素はすっぱりとそぎ落とされている。タレントに徹底的にフォーカスし、その人をよりよく知って成長、育成のプランを考えるという本来の目的を達成しやすい形式にしたわけである。

バリューの重要性は変わらない

ピープルレビューに参加するメンバーは、セッションCのときと変わりはない。チームを率いるリーダーと担当人事、その上司と上司につく担当人事の4人でのディスカッションが基本になる。

パフォーマンスは大事だが、リーダーシップバリューがもっと大事であることは、GEの社員に深く根づいている。そうした哲学があるため、9ブロックのテンプレートがなくてもバリューを重んじる精神は変わらない。

あくまでも評価レーティングに関する考え方と指標が変わったといえるだろう。もちろん、段階がなくなったからといって評価が全員同じになるわけではなく、リーダーたちの頭の中にはそれぞれの社員の立ち位置は明確にイメージされている。成果主義が大方針であることは変わらず、一定のレーティングは使わなくてもやはり評価はしているのである。ピープルレビューにおいても必ず、リーダーシップバリューが大きな要素として話される。だから、9ブロックがなくてもバリューの重要性は変わらない。ただ社員一人ひとりについて説明する際に9ブロックのレーティングや点数で語るのではなく、中身で語るということである。

評価を報酬に反映させる成果主義の考え方にも変化はない。ただ、その決定プロセスとして、今後は部門に原資を渡し、マネージャーの裁量でそれを分けることになった。評価レーティングを用いなくても、やはり、貢献してくれた人には多く報いることになる。

このように人事制度に大なたを振るったのは、やはりシリコンバレーのスタートアップ企業をベンチマークした影響が大きかった。彼らはジーパン、Tシャツというカジュアルな服装ばかりでなく、人事評価や人事の硬直的な仕組みにも縛られない。その点、GEの「セッションC」や「9ブロック」による評価方法にさほど柔軟性がなかったことは否めない。今後、「デジタル・インダストリアル・カンパニー」としてグーグルやフェイスブックと覇を競うためには、半年サイクル、1年サイクルでの厳格な指標に基づいた人事評価制度では彼らのスピードについていけなくなると考えたのである。

「人事評価なし」のピープルレビュー

たとえば私の直属の部下をレビューする場合であれば、基本的に私と人事部長、私の上司である副会長のジョン・ライスと彼の人事マネージャー、基本的にはこの4人で行う。

その場で、私はレビューする直属の部下たちの顔写真を置き、「彼はいまこんな仕事を行っており、よい成果を出してくれているが、この部分が少しもの足りない。特にリーダーシップに関してはこうだ」などとレビューする。

するとジョン・ライスは「私も彼に何度か会っているがそういうところがあることはよくわかるよ」とか、逆に「この点はどうなのか」などと一人ひとりについて突っ込んでくる。

全体として、よりスケールの大きなリーダーになってもらうために、彼にはいま何が求められており、そこを埋めるにはどのようなトレーニングが必要かという前向きな話になる。

また、私の直属の部下でなくても、スポットライトを当てたい人たちを何人か選び出し、その場で同じようなディスカッションを行う。

以前の「セッションC」でも、そうした今後のトレーニング法などについて議論したが、むしろ、私のいまの組織の現状や、長所と短所、今後強化したい点など組織全体に関する話と、個別の人事評価に関する話が多かった。いわば「人と組織の棚卸し」になっていた。極端に言うと、個々人について要素ごとの点と、総合点を分析したうえで、何点満点中何点だった、と採点していたのだ。「ピープルレビュー」では、そうした人事評価の話は一切しなくなった。あくまで、本人をより成長させるためにどうするかを話し合う場となっている。

ピープルレビューはイメルトと彼の直属のスタッフとの間でも当然行われる。

上司と部下は毎日の「気づき」を共有する

これまでのセッションCも新しいピープルレビューも、年1回という実施頻度は変わらない。では、レビューされる本人と上司が話し合う機会はどうなるのか。たとえば目標管理制度を導入している企業では、その成果を話し合うために、たいてい半期に一度、上司と部下が1対1で面談する場が公式に設けられるのが普通だ。

実は今回の人事管理制度の改革では、この上司と部下の面談回数も大きな変更点のひとつだった。それまでは公式の面談の機会は年2回で、あとは日々の上司のやり方に任せていた。機会あるごとに部下とワン・オン・ワン（1対1）で話し合う場を設け、それをもとに年2回レビューするという漠然とした仕組みだった。

しかし、スピードがひときわ重視される昨今、1年や半年を通じての評価は当を得たものとはいえないだろう。半年前と現在では顧客のニーズは変わっているし、そもそも半年前の行動を蒸し返されてもピンとこないというのが部下の率直な気持ちだったろう。実際、かしこまった雰囲気で上司から面と向かって「あなたの足りないところはここだ」などと指摘されると、落ち込みはしてもよい方向につながるには時間がかかるものだ。

そこで、「ピープルレビュー」は年1回でも、リーダーと部下とのやり取りは毎日のように行うことになった。これまでは〝1年、半年を振り返って評価を決める〟ものであった人材管理プロセスを、年間通じて対話をもち、頻繁にフィードバックを繰り返し、〝これからどうキャリアを積むかを話し合って行動と成長を促進する〟プロセスへと変更したのである。

私たちは今回のこのプロセスを、「パフォーマンス・ディベロップメント」、略してP.D.と呼んでいる。一般にはパフォーマンスマネジメントと呼ばれている目標管理システムである。そのツールとして専用ソフトウェアも作製した。

パフォーマンス・ディベロップメントは、上司や同僚、あるいは部下からのインサイト（気づき）を共有するものである。いわば360度評価のためのものだ。日々、部下が気づきによって成長できる環境を整えることが目的で、それこそがリーダーの重要な仕事とされている。

日々の気づきを得て成長につなげる

気づきの頻度を上げるための手法として、パソコンとスマートフォンで利用する専用アプリケーション（ＰＤ＠ＧＥ）も用意した。もちろん対話はワン・オン・ワンの対面で行うのが最善であることに変わりはないが、タイムリーに実施することにより重点を置いたのである。最近は社員も、毎日は出社せず直行直帰で仕事することも少なくない。そのため、そのデジタルツールを活用し、手軽にタイムリーな対話ができるようにした。

社員がもつスマートフォンやタブレットにこのツールを入れ、通常のメッセージアプリのように、社員は顔写真を付けて登録する。上司、同僚、部下は日々、その人の仕事で気づいたことを自由に送る。メッセージは大きく、"Continue（いいね）"と"Consider（考えてみて）"に分けられる。ただしボタンを押して終わりではなく、メッセージを必ず入れることになっている。

たとえば「さきほどのプレゼンテーションはこういうところがよかった」、「昨日のあの話には私は賛同できません」、「あなたのこのスタイルはとてもいいと思います」などといった評価をタイムリーに本人に送る。社員はそうした仲間からの評価を利用することで、日々「気づき」を得て、成長や自身の改善につなげていく。

このツールは、社員だけが使えるシステムで、完全に2人だけのやり取りになり、上司など他の社員に同報されることはない。

考え方としては、〝Continue〟や〝Consider〟としてもらった言葉は、あくまで個人のディベロップメントのためのものということだ。会社として、それを上司などとシェアせよなどとは一切言うことはないが、もちろんシェアしても構わない。使い道は、その人次第なのである。

だから、あえてその人自身にしか見られないようになっている。上司は、部下が周囲からインプットされた言葉を見ることはできない。そのほうが、フィードバックが気遣いなくタイムリーにもらえ、本人の成長につながると考えるからだ。

上司と1対1で対話する「タッチポイント」

新しい仕組みとして「タッチポイント」も導入された。タッチポイントは〝上司と部下の対話〟という意味で、おおむね月に1度、面談の場をつくり、会社やチームとして優先すべき課題や、今月フォーカスしている仕事の進捗状況などを話し合う。また上司は部下の今後のキャリアについて、部下の希望を聞く機会にもなっている。

GEには〝ワン・オン・ワン〟という社内用語があるように、伝統的に1対1の対話を重視してきた。そのため、ほとんどの社員は、月に一度は上司と話をする機会をもっている。いまは随時タッチポイントを行っている。ただし、月に最低一度などと上司に義務付けているわけではなく、また人事部がそれをトラッキングしているわけでもない。

そもそも、タッチポイントによる話し合いは、評価の対象にはしないことになっている。もちろん、上司にとって部下との対話は、全般的な人物評価の貴重なチャンスになるが、それ自体は評価の対象にはならないのである。だからかしこまらず、カジュアルなやり取りをすることになっている。

その際、部下は上司に、周囲の先輩や同僚からツールを通じてインプットされたさまざまな言葉を全部そのまま見せてもいいし、見せたくなければ見せなくても構わない。周囲からのインプットの要約を自分でつくってシェアするだけでもいい。

勇気をもって〝Consider〟を出す

「パフォーマンス・ディベロップメント」と「タッチポイント」は、すでに日本での導入を終えた。パフォーマンス・ディベロップメントの専用ツールが配布された当初は、戸惑いが大きく、誰も使おうとしなかった。そこで、HR部門が中心となって社員に使用を推奨してきた。

日本人の特性でもあるが、他人の至らない点を指摘する〝Consider〟にはみな臆病になりがちだ。だから、活用を始めたときも、仲間からは褒め評価となる〝Continue〟ばかりだった。

上司から部下への〝Continue〟も比較的早かった。それまではEメールを使って行われていたことだが、それはそれとして、せっかくツールがあるのだから使ってみようという気持ちになったようだ。いままでは、鮮やかなプレゼンをこなしたときは、上司や仲間たちから〝Continue〟がたちどころに入ってくる。

ツールに慣れ始めたことで、今度は注意を促す〝Consider〟もみなで言い合おうという雰囲気ができてきた。賛美も苦言も率直に言い合うことが本当のチームワークにつながるはずだと、勇気をもって〝Consider〟を出す人が少しずつ増え始め、それが各部署に横展開されるようになった。そして、的確な〝Consider〟は本人に喜ばれることを理解するようになってきた。

ただ、意外なことに、上司から部下に対する〝Consider〟はなかなか普及しなかった。「君のこういうところがよくない」と、はっきり指摘した文面は今後のモチベーションに悪影響を及ぼすと考え、躊躇する上司が多かったのだろう。

そうしたなか、最近は、上司に「Considerをください」というリクエストを出す部下が増えている。部下の欠点を指摘できないようでは、上司は務まらない。それを受けて上司も〝Consider〟を出すようになってきた。

その〝Consider〟に対して、ふてくされたり落ち込むのではなく「ありがとうございます」という素直な返事が来ると、「言ってよかった」と思えるものだ。

社長である私に対しても、3階層くらい下の社員たちから「社長が出席されていた会議で、私はこんな提案をしましたが、それについて意見をいただけませんか」などと言われることがある。

そのときは「あそこは良かったよ。でもここはまだ不十分なように感じた」などと簡潔に答えるようにしている。あくまで非公式な意見だから、その社員の評価に何ら影響を及ぼすものではない。その場限りのちょっとしたアドバイスと捉えてもらえればいい。そのことが理解されれば、「パフォーマンス・ディベロップメント」

は、真の機能を発揮することになるだろう。

また、この仕組みを日々きちんと活用できているかどうかは、リーダーとしての評価につながってくるに違いない。

試行錯誤しながら改革を進める

これらの人事評価システムの改革は、大きなパラダイムシフトとなる。なにせ社員が世界に33万人超もいる会社であり、いきなりレーティングをなくすのはリスクが高すぎることから、段階的にテストを行ってきた。一部のグループは、まったくレーティングをなくしてみたり、一部はレーティングを曖昧にした3段階の新しい評価ツールつくって試してみたりした。だが実際にやってみると、新しい3段階の評価ツールはあまりインパクトがなく、むしろ改革にマイナスになる面も見られた。

マネジメント側が優秀な人に優秀だと公式に評価できないと、本人がそれを物足りなく思い転職してしまうリスクが高まる。そのため、極めて少数の優秀な人には〝エクストラオーディナリー〟と評価することにした。逆に、仕事のインパクトが出ていない人に、それを告げる術がなくなることも会社にとって大きなリスクだ。

そこで、あなたはインパクトが出ていないという評価も残した。ともに上下ごく少数の人だけを評価し、残りの大半は中位にする評価ツールとする計画だった。

ところが、いざ運用してみると、その評価指標に引きずられてしまい、3つのカテゴリーのなかでこの人は上位なのか、それとも中位でいいのかという順位づけの議論が出てしまった。せっかくレーティングなしを原則としたのに、それでは以前と変わらない。そこで、一度導入した新しい評価ツールは取りやめることになった。

このように、いろいろと試行錯誤をしながら人事評価の改革が進められてきた。これからもピボットや修正があるかもしれない。それほど、毎年すごい進化をしているのである。

ただ、人事制度の改革によって、社内の雰囲気は随分と変わってきたことは確かだ。自分で気づいて自分で変えていくことが、最も自分の成長に効果が高いという意識が広まってきたように思う。

新しい評価制度でいっそう問われるリーダーの能力

ＧＥにおいて新しい管理制度などを導入する際は、一部の国や一部の部門を選んでパイロット的にスタートする。今回の人事制度の変更はアメリカ本社からの指示で、アメリカやイタリア、ブラジルでは一部、先行して導入されていた。その国々で一応の成果がみられたことで、２０１６年から、全世界でほぼいっせいに導入されることになったわけだ。

他の国でどの程度活用されているかは、まだ詳しくは耳にしていないが、普及に時間がかかるのは日本と同じである。どの事業、どの国も導入当初であり戸惑いがあるようだ。

特に戸惑いの大きいのが中間管理職である。これまでは「９ブロック」によるレーティングが部下のボーナスや昇給に直結する仕組みができていたが、今後は部下を数字で評価することができなくなった。これまでのように高い実績を残した人に賃金で報いるために、どう評価し判断すればよいか頭を悩ませている。しかも相対評価ではなく、あくまで個人の資質と可能性を見なければならない難しさがある。

もちろん目標数値の達成も当然指標のひとつではあるが、それよりも各事業がプライオリティとしている戦略やイニシアチブに対してどのくらい大きなインパクトをもたらしたか、またＧＥビリーフスに基づいた取り組み姿勢であったかなどが重要なポイントとなる。

したがって、マネージャーの力がいっそう問われることになる。君はA評価だなどという褒め言葉を使えなくなれば、具体的に、いったいどこが優れているのか、どこを見直すべきなのかをはっきりと指摘しなければならない。それによってコーチングの説明責任も高まることになるだろう。

そうした強いチームマネージャーをつくるには、どうすればよいか。最近、社内では、チームをもつリーダーは、1年に1度、必ず部下からの評価を受けることを仕組み化する案も出ている。

さらに、賃金について考え方の見直しも進めている。極端に言えば、昇給は1年に一度、全員同じタイミングで行う必要はないのではないか、といったことだ。評価レーティングに頼らないプロセスなので、もっとタイムリーに賃金を見直し、報酬を決めていくというやり方を探る検討がすでに始まっているのである。

これら新しい人事評価制度はしばらくは試行錯誤が続くかもしれないが、評価の柔軟性の高さは現代に合っていると思う。まさにファストワークス精神に則り、今後も調整をしながらかたちになっていくのではないだろうか。

数字ではなく本当に意味のある仕事をしたかで評価する

かつてのGEには何に対してもメトリック（数値評価基準）をつくり、数字によって成果を表すという文化があった。外部からはいまもそうしたイメージをもたれていると思う。「9ブロック」の廃止や新しい評価制度の導入からもわかるように、いまその変革に取り組んでいる。

たとえば製造部門でも、ついこの前まで歩留まりやオンタイムデリバリーなど数々のメトリックがあり、それらを一つひとつチェックして、全部クリアできた人は上位、半分くらいであれば中位と評価していた。それを数字だけでなく、レビューして本当にお客さまにインパクトを与えるメトリックだけを用いることになった。なぜなら、社内評価のための基準では意味がないからだ。自分が評価される目標だけを達成したかではなく、本当に意味のあることをやったかどうかが評価されるのである。

たとえば、「オンタイムデリバリー」は決められた日にちまでに工場から出荷できたかを達成基準としていた。しかし、工場から出荷してお客さまに届くまでに要する時間は国によって違うし、輸送・運送の手段によっても大きく異なる。工場出荷の段階では期限を守られていたとしても、お客さまの手元に届く日が不確実であればお客さまには満足していただけない。

それならば、そんな基準は社内だけのものでしかない。それよりも、お客さまのもとに届く日を基準にして、それに合わせることができたかどうかを評価するべきだろう。そのため、出荷に関しては、それ以外のメトリックは廃止する方向でいま検討している。

GEの「セッションC」や「9ブロック」は優れた人事評価制度として、世界の多くの企業からベンチマークされてきた。日本でも導入してくれていた企業がたくさんある。そうした企業にはまことに申し訳ないが、GEはさらにその先に進みだした。時代がそれだけ変わったのである。

HR部門の率先が改革の成否を握る

これら社内カルチャーや人事制度の改革の実務を取り仕切ってきたのはHR部門である。人事は企業にとって重要な職務であり、日常、リーダーのパートナーとして活躍するとともに、社内改革の際にはひときわ重い役割を担う。

営業戦略の改革は営業部長が、財務の数字の改善は財務部長がやるように、カルチャーの変革はHR部門が戦略を立て実行する必要がある。逆に言うと、HR部門が先頭に立って旗を振らない限り、会社のカルチャーは未来永劫変わることはない。

それには「カルチャーチェンジを一緒にやろう」と社員を巻き込んでいくことが必要である。そのためHR部門は常にロールモデルでなければならず、カルチャーチェンジもみずから率先して取り組むことで社員に対する説得力も高まる。「HRはいまこんなことに取り組んでいる。だからみなさんもやりましょう」と機を見て、時にはしつこいくらいにさまざまに発信をすることが大切だ。

逆に、HRがカルチャーチェンジを業務的に捉え、上から命じられたから渋々やっているという素振りを少しでも見せたら、社員には絶対に伝わらない。

また、管理やトレーニングの手法ばかり熱心に研究し、それこそがHR部門の役割だと考えてしまうと社員は納得しない。そうではなく、「どちらかといえば保守的なHR部門がもうそんなに変わったのか。それなら我々も変わらなくては」と思ってもらえる状況が理想だ。

その点、今回の一連の人事制度改革とカルチャーチェンジでは、日本のHR部門は実によくやってくれた。実際、新制度は社内でファンクション系と呼ぶ、HR部門やIT部門でいち早く定着した。その横展開で全社に広がってきた。制度が予想より早く社員に根付いたのは、HR部門の努力が大きかったと思っている。

第6章

年間10億ドルを投資する人材育成の今昔

人材育成拠点である「クロトンビル」

ＧＥは人材開発に対して、年間10億ドルにのぼる巨額の投資をしている。そのうえ、イメルトをはじめ経営幹部層は、執務時間の３分の１を人材育成に充てている。私自身も含めて組織のトップに立つ者は、数字で結果を出すことだけでなく、人を育てることも同じくらい重要だと叩き込まれてきた。

人材開発の拠点となるのが、ニューヨーク州にあるグローバルトレーニング施設「リーダーシップ開発研究所」(写真)、通称クロトンビルである。さまざまな階層の社員のほか、毎年大勢のお客さまにも利用いただいており、10億ドルの大半がその運営に使われている。

クロトンビルは１９５６年に創設された世界初の企業内ビジネススクールとして知られているが、イメルトの方針により、その研修内容が数年前とは大きく変化している。

以前は、ハーバード大学の教授の講義を聴いたり、ＭＢＡで昔行われていたよう

クロトンビルの外観（上）と内部の様子（下）

なディスカッションが中心だった。最近、重視されているのは、コーチングである。部下から相談をもちかけられたときに、「〜しなさい」と指示するのではなく、「なぜ困っているのか」「どういう背景があるのか」など、さまざまな質問をして解決策を本人に気づかせていくスタイルのリーダーシップである。

また、個人への英才教育ばかりでなく、グループとしての教育にも力を入れている。そのため、最近は〝選ばれた人材〟だけでなく、チーム全員が集められることも多くなってきた。

LIG（Leadership Innovation for Growth）というプログラムがそのひとつで、各リーダーが自分のスタッフ全員を引き連れてクロトンビルに来て、1週間、トレーニングを受けながら、実際に自分たちが抱えている課題の解決策をチーム全員で見出していく。

チームの強みや弱みを再認識し、よりよいチームへと変化することを期待するプログラムである。これも大きなカルチャーチェンジだが、若い人にはいまのやり方のほうが受けはいいようだ。

クロトンビルの名称は地名に由来しているが、いまやリーダーシップ研修センターとしてブランド化されており、各国に置かれたリージョナルの研修センターもクロトンビルの名で呼ばれる。日本の本社内にもクロトンビル・ジャパンが置かれており、ここでもたれるグローバルな研修コースに毎年400人程度が参加している。グローバルな研修は、カリキュラムが世界で統一されており、国ごとに変えてはいけないことになっている。

急成長するITスタートアップに倣う

GEは「33万人の社員全員がリーダーシップを発揮する」というフィロソフィーをもっている。ここで言う「リーダーシップ」は、ポジションではなく、「変化を起こし、人を元気づけたり、動機づけることのできる影響力」を意味している。

世界33万人の社員一人ひとりが独立して考え実行できる人材であれば変化の速度は増し、組織も安定する。たとえば、新入社員が何か新しいことを企画し、仲間を巻き込んで実行することも立派なリーダーシップと考えている。それができるような人材を各層に求めているのである。

求められるリーダーシップも変わってきた。それは、いまの若い世代をリードするには昔のやり方は通じないという危機感からスタートしている。ミレニアルと呼ばれる2000年以降に社会人になった人たちを率いるためのリーダーシップに変わってきたということだ。

研修も「参加型」に変化

目立って変化したのは2013年頃からだろうか。「GEビリーフス」への変更もその一環だが、基本的な考え方として、若い世代を率いるには「参加型」でなければならないと考えている。

彼らはみな自分も参加したい、きちんと意見を聞いてもらいたいという気持ちを強くもっている。また、彼らは現代のスピード社会に合った思考・感性をもっており、それを吸い上げることが社会に適応することになるということだ。

そこで、彼らに対するリーダーシップはどうあるべきかを考えたわけである。せっかく参加したいという気持ちをもっているのだから、できるだけ参加を募り、彼らの意見を聞くことが大切になる。そのため、「人の意見を聞き、周りの意見を吸い上げる」ことにリーダーシップの重点を置くようになってきた。

イメルトは10年前、それまで使われていた「GEバリュー」の中身を「グロースバリュー」と呼ばれるものに改めたが、そのとき「包容力（＝Inclusiveness）」という項目が盛り込まれた。これは「周囲を巻き込むこと」、「人の意見をよく聞くこと」という項目だが、10年前はそれほど強い概念ではなかった。それを5つのバリューのうちのひとつにしたということは、今後この点が重要になってくると感じていたからだろう。それが「GEビリーフス」に変わり、「任せる（＝Empower）」「互いに高め合う（＝Inspire）」という項目が追加され、さらに「試すことで学び勝利につなげる（＝Learn and Adapt to Win）」という項目が加わって、いっそう強調されるようになってきたのである。

かつてGEで求められていた、トップダウンの利くカリスマ的な強いリーダーシップとは様変わりといえる。

業績よりもリーダーとしての資質を重視

リーダーシップのあり方を変えることになったきっかけは、繰り返してきたように、IT企業の急速な成長に危機感を覚えたからだ。経験も資産もない新しく生まれた彼らがなぜこれだけ成長できるのかをベンチマークすることから始まった。

調べてみると、彼らは服装も働くスタイルも自由で、上下関係もなく社員同士で言いたいことを言い合っていた。それは当時のＧＥとはまるで正反対のカルチャーだったが、彼らがそれによって伸びていることを素直に認め、そこから「なるほどな」という気づきが生まれてきたのだと思う。

たしかに、ＩＴのスタートアップ企業は組織もフレキシブルで、事に当たるときは即座に組織横断的なプロジェクトを結成する。その点が彼らの最大の強みとなっており、ＧＥも見倣う必要があると考えたのである。

それによって、クロトンビルでのトレーニングに呼ばれる社員に求められる資質も変わってきた。以前はどちらかというと、成果としてのパフォーマンスをしっかりと出した社員、トップの実績を挙げた社員が集められていた。

しかも、この研修を受けたあとはこの研修、その次はこれ、と何となく決まっていた。社員は、次のレベルの研修に呼ばれるためのハードルを次々と越えていくことによって、地位を上げていくものだという暗黙の了解のようなものがあった。そしてハードルは、実績重視の要素が強かった。

しかし、最近は実績ではなく、個々人の資質と可能性に目を向け、将来リーダーとなれる人かどうか、という見方に変わっている。さらに、将来のリーダーとして、現状はどのようなギャップがあり、それを埋めるためにどのようなトレーニングが必要かを考えるようになっている。

チームワークを重視した研修内容

リーダーシップのほか、昨今のGEでは、以前よりはるかにチームワークを重視するように変わった。トレーニングの内容も、チームでのディスカッションやチームが実際に直面している課題をその場で議論するなど、チーム重視のプログラムが急激に増えた。

背景には、本当の意味でのチームワークが完成しておらず、全社的に強化が必要な段階にあるという実態がある。つまり、スタートアップ企業のように、お互い言いたいことを自由に言い合えるような環境がまだできていないと考えているわけだ。

イメルトは「よいチームをつくるためにはコンストラクティブ・コンフリクト（constructive conflict：建設的な意見の対立）が必要だ」とよく口にする。健全な意見の衝突があってこそ、チームとしての力を発揮できるということだ。

個々が自分の意見をもち、それを自由に発言し合えるような環境があり、みんなが他人の意見を真摯な気持ちで聞いて議論するという場があってこそ、本当のチームワークがつくれる。そうした面をもっと強化しなければいけないと考えているのである。

かつてのように、カリスマ性のある強いリーダーが全体を引っ張っていく気風があった時代は、会議のときには声の大きい少数の意見が強く押し出されがちだった。しかし、それではほかの意見が埋もれてしまう。みんなが自由に議論し合う環境がなければ、真の意味でのチームワークはつくれない。

日本人に求められる「建設的な意見の対立」

この点で、日本の企業は立ち止まって考える必要があると思う。

日本の強みはチームワークだとよく言われるが、チームワークの定義を間違えているケースも見受けられる。ひとりが意見を言うとすぐ全員が「賛成」してしまう。それを見て、素晴らしいチームワークだと捉える人もいるが、私に言わせれば最悪のチームワークだ。

人間である以上、心の中ではそれぞれみんな意見をもっている。強い個があって初めて強いチームができる。会社の方針が出たら「わかりました、頑張ります」となるのが日本企業の常だが、それでは建設的な意見対立は起こらない。

「言いたいことはあるけれど遠慮しておいた」「反論するのは失礼だから控えておこう」では、本当のチームワークは発揮できないのである。意見があるのに言わないというのは、逆にチームに対して失礼だとすら思う。

建設的な対立を生みながらチームワークをいかに発揮していくか。このことは日本に限らず、GE全体としても大きな課題だと思う。だからこそチームワークをつくるために、建設的な対立意見の交換がリーダーシップ研修に取り入れられたのである。

ただ、その捉えられ方は、国によって少々違うようだ。特に日本と西洋は大きく違っている。西洋はどちらかというと、自分が言いたいことを言うばかりで相手の話を聞かない人が多い。そのため彼らはいま、自分の主張を押し通すだけでなく、相手の話を聞くことも重要だと教えられている。

ただ、日本はその前段階として、言いたいことが言えていない場合が多い。それは突き詰めれば、生まれ育った環境もあるだろう。日本では、小さい頃から学校で「黙って先生の話を聞きなさい」と教育されてきた。しかし、自分を主張しないとチームはつくれない。勇気をもって他人と異なる意見を言ってほしいと思う。

一方でリーダーは、「下手に意見を言うと、あとでしっぺ返しをされるのではないか」という懸念を部下に抱かせないような雰囲気づくりをする必要がある。そうした悪い意味での奥ゆかしさの打破に、私もいま社長として懸命に取り組んでいるところである。

未来のリーダーを養成するプログラム構成

クロトンビルはGEのリーダーシップ養成の中心的な役割を果たす。

上級幹部から新任マネージャーまで、未来のリーダーを育てる研修プログラムが用意されている。それにはASC（Activating Strategy and Culture）、MDC（Manager Development Course）、BMC（Business Management Course）、EDC（Executive Development Course）などがある（図表6-1）。それぞれ選ばれた人だけが参加できるという点はいまも変わらないが、前述したように、選ばれる対象や研修内容が昔とはかなり変化している。

私もMDC、BMC、EDCに参加した。ASCは、MDCのひとつ前のレベル

図表6-1　クロトンビルの4種ある研修プログラム

プログラムの名称	参加者
ASC (Activating Strategy and Culture)	各事業部門が推薦する社員。クロトンビル以外で開催する場合もある。
MDC (Manage Development Course)	各事業部門の推薦をもとに各国で決められたゼネラルマネージャーが対象。以降が幹部候補研修の位置づけ。
BMC (Business Management Course)	一般役員
EDC (Executive Development Course)	上級役員

の社員が参加するもので、いわゆる幹部候補研修はＭＤＣからだ。ＡＳＣはクロトンビル以外の各国・地域で行う場合もあり、それぞれの事業部門が研修を受ける社員を決めて参加させることが多い。ＭＤＣになると各事業部門からの推薦をもとに、グローバルレベルで決められた人たちがクロトンビルに招集される。その次がＢＭＣで、最後がＥＤＣである。これらの研修はそれぞれ少人数で実施されている。幹部候補研修だから開催回数も多くはない。現在、ＭＤＣは年に8回くらい、ＢＭＣは年に2～3回、ＥＤＣは1～2回だろう。

そこでは、チームビルディングやコーチング研修が最近は特に多く行われている。コーチングについては、クロトンビルばかりでなく、一般社員に至るまで、職場で教えられたり、日常の研修のなかでトレーニングを受けることも多くなってきた。

3種類の幹部候補研修では、時代の変化に伴ってリーダーシップも変化することが強調されるようになっている。ミレニアル世代など若い人たちをリードするにはどのようなリーダーシップが必要かをみんなで考える場を設けたりもする。このように、一方的に「教わる」のではなく「議論する」場になりつつある。

クロトンビルでのイメルト

ＭＤＣ以上の研修にはイメルトが出席する。彼はビジネスの昨今の状況に関する全般的な話もするが、それはほんの触りだけだ。あとは新しい時代に見合った新しいリーダーシップを持ちあわせる必要性と、そのための変革がいかに重要かという自分の熱い気持ちを伝えたのち、質疑応答に移る。質疑応答ではどんな質問も受け付け、何でも答える。

彼からもよく質問する。いま、君の職場で何が一番足りないか、もっとよくするためにどのような提案があるかなどを問い掛けている。ＭＤＣ、ＢＭＣになると各国からさまざまなビジネスに関わる幹部候補生たちが集まるため、発言は活発で、時には思いもよらない意見が出てくることもあるが、そうした意見が出てもイヤな顔ひとつせず、淡々と自身の考えを述べている。

私が参加したときは、イメルト自身は大変にリラックスしていた印象を受けた。会場内を歩き回るのが彼の最近のスタイルだ。以前は部屋の正面にある演壇に立って話し、質問を受け付けるだけだったが、最近は部屋中を歩き回り、参加者の肩に手を掛けながら「そうでしょう」というようなソフトな感じで語るスタイルが増えたように思う。

もっとも、イメルトはリラックスしていても、参加者のほうは大いに緊張している。特に若手が多いMDCは、彼と直接話すのは初めてという社員も多い。ダートマス大学でアメリカンフットボール部のキャプテンを務めていたという、193㎝の長身で迫力のある彼の姿に威圧される社員も少なくない。だから逆に、親しみやすく接してくれたことに感動する。

イメルトは会長兼CEOになる前後の時期、常に緊張を強いられる局面に置かれていた。彼はウェルチの後継者となる3人の候補者のひとりと目されていたが、後継者に選ばれなければGEを去る覚悟をしていたそうだ。実際、後継者に指名されなかった他の2人の候補は直後にGEから離れた。

さらにトップに就いた直後から、同時多発テロ、エンロン事件、ハリケーン・カトリーナと、たて続けに大きな困難に直面した。おそらく、落ち着いて自分の思いどおりに計画を実施したり思考する時間をもてなかったに違いない。また、常にメディア等で前任者のウェルチと比較されていた。それらが日々の顔付きにも表れていたのではないかと思う。

その点、ここ数年の彼は自信に満ち溢れ、メッセージもはっきりと明確で、語る言葉もわかりやすい。彼自身もこの15年で大きく変わったのである。いっそう自信がつき、方向性もより明確化された。だからこそ社員が付いてきてくれているということを、実感しているのではないだろうか。

夜になると饒舌になる日本人

クロトンビルでの夜は、施設内に設けられたバーでお酒を飲みながら参加者同士、ワイワイガヤガヤと語り合うのが通例だ。

建物の中には宿泊施設も用意され、他国で働く人たちと親しくなることも多い。親しくなることで、ビジネスにいい意味でつながることも少なくない。

それぞれのお国柄も知ることができる。講義中によく意見を言うのはヨーロッパの人たちやインド、中国の人たち。まあまあそつなくしゃべるのがアメリカ人。積極的に話す人が少ないのが日本人や韓国人、東南アジアの人たちである。ところが、夜のバーで酒が入ると急に饒舌になるのが日本人だといわれている。

緊張がほぐれるからだろうか。それも悪いことではないのだが、言いたいことがあるのなら昼間の講義中にもっと積極的に意見を出すべきだろう。たとえひとつでも、昼間にキラリと光る発言がないと、そもそもアメリカまで行ったかいがない。だからクロトンビルに研修に出向く部下には「積極的に発言をしてこい」と言って送り出すことが多くなった。

クロトンビルのリニューアル

クロトンビルは2014年に大きな投資を行い、新しい棟をつくったことで設備が改善された。宿泊施設が増えたほか、カフェテリアやバーも大きく立派になった。宿泊施設やバーなどは新棟に移され、新棟と旧来の建物とを結ぶ渡り廊下も完成している。

同時に、新しいミーティングルームもつくられた。もともとクロトンビルの敷地は広く、自然が生かされている。敷地にもともとあった馬小屋などもそのまま残され、テニスコートや野球場もあった。そんな環境のなかで世界のGE社員は研修を受けているのである。

今回、新しい宿泊棟の建設に伴い、半ば廃墟と化していた馬小屋や倉庫の一部を改造してミーティングルームに仕立て上げた。ここはクロトンビルが実施するトレーニングではなく、現場で働くリーダーが自分のチームを連れてきて、1泊2日の集中ミーティングを行う際などに利用するものだ。これもGEが掲げるチーム重視の方針の一環だ。

クッキングでコミュニケーション

さらに、ある建物を改装して、大きなキッチンも設置されている。クロトンビルに来たチームは、昼間はミーティングを行い、夜はクッキングを通じてレクリエーションかたがたチームビルディングをする。

キッチンには、メニューを考え調理方法を教えてくれる〝外部講師〟が3人ほど配置されている。チームメンバーは、まずオードブル係、メインディッシュ係、デザート係、サラダ係などと何班かに分かれ、それぞれレシピが与えられる。「材料は用意したので、あとはやってみてください。やり方はそこに書いてありますが、助けが必要な場合は言ってくれれば私たちがお手伝いします」と、至れり尽くせりである。

まるで学校の調理実習のようだが、実際にみんなで調理をして、できあがったものを自分たちで食べる。これが結構盛り上がるのだ。

私もこれまで三度、このキッチンで調理した経験がある。面白いのは、料理を通じて仲間の性格や趣味がわかること。料理が大好きであれこれと指示を出して仕切りだす人がいるかと思えば、全然興味をもたずにサボってばかりの人もいる。野菜の切り方などにやたら細かい人もいる。

たとえば、フルーツの皮をむくにしても、私はスピード重視でシャーシャーとそれこそ適当にむくのだが、隣の人は一心不乱にフルーツに向かい、わずかな皮も残すまいと几帳面にむいている。「そこまでやらなくても誰も気にしないよ」と声を掛けても「いや、やはりやる以上は」と言って几帳面さを崩さない。かたや「僕はこういうのに向いてないから」と言って、「食べたい人が皮むけばいいじゃん」と何もしないヤツもいる。まさに十人十色だ。こんなところに、隠れた性格が出るのである。

「オピニオン・サーベイ」から「カルチャーコンパス」へ

GEではかなり以前から「オピニオン・サーベイ」と呼ぶ社員の意識調査を定期的に実施してきた。ここ数年は2年に一度のペースだ。強制ではないが、調査に答えることで自分の思うところを会社に伝えられることから、日本社員の参加率は悪くなかった。

その伝統あるオピニオン・サーベイを2016年7月から内容を一新し、名称も

「カルチャーコンパス」と変えて行うようになっている。

オピニオン・サーベイは社員の声をただ集めるだけではなかった。重要な要望に対しては、誰が責任をもって、いつまでに、どのようなアクションを起こすのか、必ずきちんとしたレポートにして社員に配布していた。

しかし、現在進めているカルチャーチェンジから考えると、2年に一度ではあまりにスピード感に乏しい。レポートをまとめるにも2～3週間かかっていた。

そこでよりタイムリーなフィードバックを社員にするため、質問項目をそれまでの30問から10問に絞り込み、回数を大幅に増やして3ヵ月に一度実施することになった。調査対象も全社員ではなく、ランダムに選定した約半数の社員となる。従来のように大々的なサーベイをやり、結果を分析したうえで知らせるのではなく、ありのままの姿をタイムリーに伝えることに重点を置いたわけである。

今後は回答をパソコンに打ち込めば、社員は結果を瞬時に見ることができる。新しい仕組みのポイントは、調査結果をベースに、もっと早く改革する方法を、マネージャーばかりでなく社員全員が自分自身で考えようということだ。

たとえば、GEが目指すカルチャーに対する社員の感度はいまはどのような状況で、3ヵ月前に比べるとどう変わってきたかなどということを、もっとタイムリーに手軽に知ることができるようになる。

このカルチャーコンパスへの転換も「GEビリーフス」やパフォーマンス・ディベロップメントの導入という大きなカルチャーチェンジのメニューのひとつといえる。実際、社内のカルチャーなど、普段目に映らない部分がどうなっているのか、ある程度見えないと社員は何に向かって進めばよいかわからなくなるだろう。

オピニオン・サーベイ時代から感じていたことだが、近年、社員の声をもっと聞いてほしいという要望が強くなっている。それは逆に言えば、会社が社員の声を聞く耳をもつようになったということである。こうした社員アンケートでよくあることだが、どうせ聞いてもらえないと思えば、誰も要望など出さないからだ。

最近はマーケティングのみならず、マネジメントにもデータをうまく活用するデータドリブンの考え方が必要だとよくいわれる。カルチャーコンパスが、いま我々が目指しているカルチャーチェンジのスピードを上げる効果をもたらしてくれるものと期待している。

イメルトは何事も徹底する

ただ社員にしてみると、「そんなに変わっていない」という印象がまだまだ強い。

要望を聞いてもらえ、そこから出てきたアクションプランにも納得ができた。それぞれの課題に関して、報告を聞けばたしかに改善は進んでいる。だが、会社全体を見渡したとき、本当に「変わった」という実感はまだもてないというのが若手社員の本音のようである。

というのも、ラウンドテーブルやワン・オン・ワンで話すと、そうした「変革が足りない、遅い」という声がよく聞かれる。イメルトが若手社員と頻繁にラウンドテーブルを行い、そこで出てきた声を重要視しているのはそのためだと思う。

彼はそこで集めた声を、事業部門を率いるリーダーたちにぶつけている。「この前のレポートでは随分進んだように書かれていたが、現場はまだまだだと言っているぞ」とリーダーたちを叱責することがよくある。

おそらくイメルトは、自身の思いに反して変革があまりに遅々としているので、現場の社員に直接に聞いてみようと考えたのだろう。いま取り組んでいる変革は中途半端に終わっては意味がなく、徹底的にやり切らねばならないという彼の意志がここにも表れている。

シックスシグマの現在

ウェルチが推進した品質管理手法「シックスシグマ」は、その考え方がなくなったわけではないが、そのための研修が実施されることはほとんどなくなった。

かつて、特に導入から2~3年の間は、多くの社員にとって、シックスシグマはブラックベルトやグリーンベルトなどと呼ばれる資格を取るよう推奨されていた。ペーパーテストにパスして資格さえ取れれば、それでよしという意識があったことも否めない。実際、資格を取得しないと出世できないなどとも噂されていたからだ。しかし、3年目あたりからは日々の仕事にシックスシグマの考え方を取り入れることの効用が広く理解され始め、その考え方が次第にカルチャーへと昇華していった。

そのカルチャーは、いまも生きている。そうなれば、もう資格の有無を云々する必要はない。いつまでもそこにこだわるより、より新しいカルチャーを定着させようと「リーン」や「ファストワークス」が盛んに言われるようになった。

内容が充実した「ファストワークス・エブリデイ」

いま、各地のクロトンビルで集中的に実施されているセッションが「ファストワークス・エブリデイ」だ。

ファストワークスのプロセスについては、当初の1～2年、新しいプロジェクトをスタートする際に参加メンバーが研修を受けるという方法を取っていた。

だが、それだとプロジェクトに参加するメンバーだけがファストワークスを学べることになってしまう。逆に言うとプロジェクトに参加していない社員は、ファストワークスを学ぶチャンスが得られない。ファストワークスのポイントはマインドセットにあり、プロジェクトに参加するかどうかは問わないものである。そこで、ファストワークスの研修を全社員を対象に拡充することになった。

この研修は、「真のカスタマーは誰か」という問いから始まる。世の中が複雑化してきたことから、この当たり前と思える点の認識が意外とブレている。

たとえば、ヘルスケア部門では代理店販売も行っているが、カスタマーは代理店なのか、その先にいるユーザーかと問われると、迷う人が少なくないだろう。医療機器にしても、真のカスタマーは購入者である病院なのか、その先の患者さんなのか、確信をもって言える人は案外少ないのである。この研修を受けると、私たちが考えるカスタマーが人によっていかに違うのか、まず気づくことになる。

研修では、そのうえで「本当にお客さまの望んでいることとか」「お客さまに、きちんと聞いているか」という質問が続く。要するに、本当にお客さまのことを知る努力をしているかどうかが問われるのである。

それらをケーススタディで学んでいく。そのケースがなかなか楽しく、研修は毎回大いに盛り上がる。

まず仮説を立てるが、GEの社員はシックスシグマの経験をもつこともあって、ありとあらゆる角度から分析し、これだと思える答えを出してからアクションを起こそうとする。しかし、ファストワークスは詳細な分析よりも、〝カスタマーが本当に望んでいること〟を知るところにポイントが置かれている。それがわかれば、カスタマーにより早く、より強いインパクトを与えられるからだ。

そのため、現時点で考え得るベストなソリューションを立て、お客さまからフィードバックをいただきながら、そのやり方が正しいかどうかの検証を進めていく。言うなれば失敗をして、そこから学んでいくというやり方である。

この研修を受けると、私たちは本当につまらないところでスピードを落としていることに気づく。ファストワークス・エブリデイはそれに気づくためのマインドセット・トレーニングなのである。

研修は1日かけて行うが、プロジェクトの有無や、事業や職種を問わず役立つ内容である。これによって、「GEビリーフス」のいう「お客さまに選ばれる存在であり続ける（Customers Determine Our Success）」や「より速く、だからシンプルに（Stay lean to go fast）」のもつ深い意味を知ることにもなる。そのため受講者の急拡大を図っており、おそらく2016年の終わりまでにGEジャパンの社員の半数に当たる1500人が受講することになるだろう。

ファストワークス・エブリデイは自信をもって、ほかの会社にも勧められるセッションであり、外部に販売して世間に広めたいと思うくらいの充実したカリキュラムとなっている。

熊谷流の人材教育

本章の最後に、人材教育に関する私自身の方法論と姿勢について語っておこう。それも、日本やクロトンビルで受けたさまざまな研修やこれまでの経験を通じて、身につけてきたものだ。

私がこの人を伸ばしたいと思ったときは、できるだけ責任とオーナーシップをもたせて、任せるようにしてきた。そして任せたからには、時には我慢して口出ししないことを心がけている。

助けが必要になれば、いつでも言ってきてくれればいいが、相手から助けを求める声が出ない限り、介入せずに任せ切る。なかでも絶対に伸ばしたいと思った人は、この方法で育成を図ってきた。

当然のことながら、成功体験を積んで成長する人もいれば、失敗から学んで成長する人もいる。もちろん、なかには失敗してそれっきりになってしまう人もいるが、それはそれで仕方がないと考えている。

神様でない以上、伸びる人かどうかは、仕事を任せてみないとわからない。コーチングを続けながら、時には突き放すことも親心だろう。可愛がるばかりではいつまでたってもその人の本質が見えないからだ。

任せる仕事は、従来の仕組みにおける一部分の事業が多いが、仕事に直結しないものであっても、新しいアイデアがあり、会社はこれをぜひやるべきだという提案であれば、「日常の仕事に加えて君がそれをやってくれ」と頼むことが多い。

若い人たちだけでミッションベーストチームというものをつくり、若手社員を励まして、みずから音頭をとらせてスタートする機会も増えてきた。

2年ほど前、若手の社員たちから、IoTをさまざまなビジネスで推進するために、その講習会を開いてほしいという要望があった。それなら君たちで必要なリソースを集めて勉強会みたいなことを始めてみてはどうかと提案したところ、若手社員が自主的に集まった小さな勉強会が社内のあちこちに誕生した。週末や仕事が終えたあとに集まって情報交換や意見交換をしていたようだ。最後はそれがひとつになって事業部間にまたがる大きなIoTチームができ、GEのミッション・ステートメントである「インダストリアル・インターネット」の推進に大きく寄与してくれるようになった。

社員の気持ちを考えて

将来のリーダーとなるべき人物の選択では「いかに部下や後輩たちからリスペクト（尊敬）されているか」を最も大きなポイントとして考えている。この人なら付いていけると思える存在かどうかである。非常に優秀な人物で、巧みなプレゼンを行い、上司に対するアップワードマネジメントがいくらしっかりしていたとしても、それだけではリーダーとして十分ではない。部下が本当に付いてきてくれるかが最も重要な要素だと思っている。

昔は、〝黙ってオレに付いてこい〟方式で部下を率い、上司に対してもはっきりものを言える人物であれば、目下の人たちは付いてきたものだ。しかし、いまはそういう時代ではない。もちろんそうした要素が重要であることに変わりはないが、それよりも部下の気持ちを理解して、納得ずくで事を進める人物でないと人は付いてこない。

もうひとつの要素は、その人物がポジティブシンキングであるかどうかだ。前向きな姿勢は、チャレンジ精神の強さにつながる。それさえあれば、たとえ経験のない仕事や立場に置かれても乗り越えていける。どんなに知識が豊富でも、チャレンジ精神がないと、イノベーションは起こせない。イノベーションが起こせない人物には、GEでリーダーは務まらないのである。

組織内で国籍や年齢、性別を問わないこともまた、GEのカルチャーのひとつである。それは、現在に至るまで徹底されている。ただ、年齢を問わないとはいえ、能力や知識などがまったく同レベルの人物からひとり選ばなければならないとなれば、やはり若い人を選ぶことになるだろう。それは将来の伸びしろもあるが、与えられた立場をあと何年勤められるかも大きな要素となるからだ。

イメルトもウェルチも、トップに就任したのは45歳のときだった。若くしてトップに立ったからこそ、長期政権が可能になったのである。ウェルチがそれぞれずば抜けて優秀だった3人の候補者からイメルトを抜擢したのも、年齢も勘案してのことだったと思う。それに比べると、日本の企業はまだまだ思い切れていないところがあるように思う。

第7章

GEジャパンの“現場”における改革の実践

意識調査で浮き彫りとなった日本企業の課題

ＧＥでは年に一度、世界の企業幹部や有識者を対象に、「ＧＥグローバル・イノベーション・バロメーター」という意識調査を行っている。５回目となる２０１６年の調査で、日本は「イノベーション・チャンピオン」のランキングで昨年度2位だったドイツを抑え、アメリカに次ぐ2位という高評価を得た。調査対象となった23ヵ国４０００人を超える世界の企業幹部の間で、日本のイノベーション力がいまも高く評価されていることがあらためて明確になった。

ただし、本調査を見ると、日本の企業幹部たちが現在の世界の変化を認識し、十分に対応しているとは言い切れない現状もよくわかる。

たとえば、現在のデジタル革命が雇用や仕事の性質にプラスに働くか、またオートメーション化がどのような影響を及ぼすかという質問に、日本の企業幹部の20％は「わからない」と返答している。同じ回答の世界平均は８％である。

また、自社に明確なイノベーション戦略があるかどうかについても、「ある」と答えた日本企業は38％で、世界平均の68％を大きく下回り、調査対象23ヵ国中最下位だった。企業間のコラボレーションも同様に最下位で「協業によるイノベーション活動から売上や利益をあげられているか」という問いにYESと回答した日本企業は54％にすぎなかった。

世界と比べて日本のイノベーションには戦略的で明確なアプローチがなく、リスク回避を何よりも重要視する傾向が強く、投資や財政支援、イノベーション創出のための社内支援が欠如するという「組織的課題」を抱えていることが浮き彫りになった調査だった。

しかし、それは裏を返せば、日本の企業がこの弱点を意識的に打破し、抜本的な組織変革に取り組むことができれば、イノベーション創出の環境づくりが進み、世界の高い期待に応えられる可能性を秘めているということでもある。

本章では、そんな日本市場におけるGEジャパンの取り組みを紹介したい。

インダストリアル・インターネットは日本の救世主

日本でもインダストリアル・インターネットの成功例が生まれている。

一例は東芝と産業用機器向けＩｏＴ分野で協業を図り、プレディックス(PREDIX)を活用したパイロットプロジェクトを共同で開始するようになったことだ。この技術の最大のニーズは、東芝が製造するさまざまな産業用機器のメンテナンスの効率化を図ることにある。当面は東芝製ビル設備を対象に、データ収集やその分析を行って保守業務の効率化とプリベンティブ・メンテナンス（予防保守）の高度化を図る。故障する前に現場に行って予防保守を行うシステムを、共同開発しようというものだ。これによって東芝の保守業務の効率化が図られ、生産性が改善されることになる。

ソフトバンクや東京電力との提携

より広範な協力事例は、ソフトバンクとの提携である。ソフトバンクは私たちのチャネルパートナーとして、さまざまな業種の企業を対象にGEのプラットフォームであるプレディックスの外販を担い、共同でその先のお客さまに対するソリューションを開拓する契約を結んでいる。今後も既存のお客さまへの対応は以前どおり私たちが行うことはもちろんだが、インダストリアル・インターネットはどの産業でも活用可能であることから、既存のお客さまでない企業はソフトバンクなどのチャネルを利用させてもらってアプローチする。その最初の成功例がLIXILグループだった。

これまで私たちと取引のなかった同グループだが、ソフトバンク経由で2015年、LIXILトータルサービス社がプレディックスの導入を決定した。

同社の悩みは浴室の設置工事のスケジューリングだった。首都圏エリアをカバーする東京営業所では、浴室だけでも常時40~50のユニットバス工事が進行し、50以上の施工チームが工事を担当していた。しかも施工チームの得意分野はそれぞれ異なっているため、マッチングに苦労されていたのである。家や浴槽の大きさや施工場所など、案件によって必要とされる技能が違ううえ、複数の業者が関わるために、その施工計画は複雑を極めていた。

そのため、住居の構造や浴槽の設置場所、対応可能な品番など、リフォームや施工難度をクリアするスキルをもつかどうかは、これまですべて専門スタッフがマニュアルと経験をもとに判断していた。

新しいシステムでは、LIXILのためにカスタマイズした「自動割り振り（ジョブ・スケジューリング）システム」というアプリケーションに入力すれば、このタイプの浴槽の設置にはこんな技能が必要で、その技能をもった作業員がいまどこにいるかが即座に判明し、あとはアプリが自動的にスケジューリングする。しかも製品がインプットされているので、顧客から注文があれば自動的に最適な施工業者のレコメンドを確認するだけでよい。

これまで多くの人手を使っていたスケジューリングの作業が大幅に簡素化され、シンプルだがすごく役に立つシステムができたと自負している。

また新たに、東京電力フュエル&パワーと、火力発電分野におけるIoTソリューションの共同開発・導入を進めることも決まった。これは、既設の発電設備にデジタル・ソリューションを導入する日本初の試みで、効率的な運用や信頼性の向上が期待される。まず富津火力発電所4号系列（LNG燃料、50・7万kW×3軸）とプレディックス上で稼働するアプリケーションを連動させることで、メンテナンスの最適化やライフサイクルコストの削減をめざす。

日本のお家芸"生産性向上"をさらに進める

まだ公表はできないが、それ以外にも、数多くの企業との打ち合わせが進んでいる。テーマは効率化、特に作業の効率化につながるものが多い。ＬＩＸＩＬのケースのように、これまで人手が必要だった作業をデジタル化して人手をかけずにやりたいと望まれている。

そうした打ち合わせをしていて、あらためて感じたことがある。これまで日本は効率と生産性を追い求め、それによって世界に冠たるものづくり大国になった。それは驚嘆に値することだ。

しかし、考えてみると、そのほとんどはアナログで行われてきた。カイゼンしかり、ＴＱＣしかり。それをデジタル化するともっと効率を上げられるはずだ。従来のお客さまばかりでなく、これまで付き合いのなかったお客さまもＧＥの解決策を待ってくれているところがたくさんある。インダストリアル・インターネットは開拓の余地が大きいことをあらためて実感したものである。

インダストリアル・インターネットは、どんな産業のニーズにも応えることができるため、これまでGEとはあまり縁のなかった業種・業態にも広げていくことが可能だ。その意味で、インダストリアル・インターネットはGEジャパンに大きなチャンスをもたらすことになるだろう。

その際は〝生産性の向上につながるソリューション〟がポイントになる。そのことをお客さまのトップに強調すると、身を乗り出して耳を傾けていただける。年齢の高い社長やCEOのなかにはインターネットと聞いただけで抵抗を感じる方もまだ少なくないが、生産性向上につながる話に関してはみなさんすごく腹落ちがよい。

インダストリアル・インターネットは、日本のお家芸ともいえる生産性の向上につながる新しいツールになる。これまで日本はカイゼンやリーンに懸命に取り組んできたが、それもそろそろネタが尽きてきた。インダストリアル・インターネットによって、日本の生産性の高さが再度注目を浴びる日がくる可能性があると感じている。

普及はまだ2合目あたり

現状、インダストリアル・インターネットの進捗は、まだ土台の土台が整った程度だ。これからさらに懸命にプロモーションを行い、次のステップでそれをどんどん拡大していく。いまはまだ2合目あたりといったところだろうか。頂上まで登り切ることができるかどうかはリーダーの旗振り次第である。私の役割は大きいと思っている。

これからの日本の戦略は、インダストリアル・インターネットを中心に据えている。私がそこまでインダストリアル・インターネットに惚れ込んでいるのは、お客さまの役に立てるからである。インダストリアル・インターネットの展開は「こんな製品ができたから買ってください」ではなく、「御社にとって本当に役に立つものを開発します。だからいま一番困っていることを教えてください」というところからスタートする。

すると、我々の既存のビジネスとは一見まったく関係のなさそうな悩みが出てくる機会が増える。

たとえば、人材教育に困っている、病院であれば看護師不足で困っている、あるいは患者さんが増えすぎて困っている、などという悩みを聞き出していく。その課題の解決にソフトウェアでお手伝いできませんか、というところからアプローチする。だからこそ、経営陣にとって大いに役に立つソリューションになるわけだ。

それによって、本当のパートナーシップを構築できるようになる。我々の既存のビジネスにプラスアルファの価値をもたらすことができるとともに、自然に「次にCTを買うときはGEにしよう」と言われるようなパートナーシップを築きたい。

その際の競合相手は、コンサルティング会社やIT企業となるだろう。一方、GEの強みは、イメルトが言うようにテクノロジー、グローバリゼーション、プロダクティビティを兼ね備えているところにある。

ただし、これもイメルトがよく言うことだが、そこに胡坐《あぐら》をかいていると、ITカンパニーに一番重要なソフトウェア活用の部分をもっていかれてしまう。せっかく他社が真似できない3つの基盤をもつわけだから、それにプラスしてソフトを強化すれば、これほど強いものはない。

インダストリアル・インターネットは売上や収益面の目標も一応はあるが、金額的には日本はまだ大きな数字を残せていない。長期の視点で捉えており、収益化はもっと先のことになると覚悟している。それよりもインダストリアル・インターネットを仕掛けることによって、当面は単品としての機器を買ってもらえることによる収益が先に生まれるだろうし、当面は売上規模もそちらのほうが大きくなるに違いない。

しかし、GEのハードウェアを使ってくださるお客さまに対し、ソフトウェアを使ってより効率を上げる方策や、機器をアップグレードするなどの提案も可能になる。たとえば発電タービンでは、ここの機能が老朽化しているので、ソフトウェア付きのパーツに入れ替えてアップグレードすればもっと効率がよくなりますよと、ビジネスにつなげていくことができる。

形のないものをつくり、売っていく時代へ

ブリリアント・ファクトリーのように、これもグローバルの流れではあるが、いろいろな新しい製造技術や、その技術を擁する部門をどんどん取り入れていく。例としてよく紹介するのは、3Dプリンタである。日本で多様なベストプラクティスが生まれる分野だと思う。なぜなら、3Dプリンタに限らず、そもそも日本は製造技術に関しては世界一の国だと信じて疑わないからだ。これまで日本のものづくりは、どちらかというと、徹底してムダを省くアナログの「リーン」を実行することで効率を追い求めてきた。いわば職人的な美徳というものが称賛されてきた。

そこにデジタルが加わると、さらに強いものになる。「考え方」と「アナログの

強み」はそのまま残し、デジタルを乗せることでそれがいっそう補強できると思っている。いわば「デジタル・カイゼン」である。

日本の埋もれた技術を掘り出す

「グローバル・ブレイン」については、素晴らしいアイデアや技術をもっているたくさんの日本のお客さまやパートナー、あるいは日本のベンチャーと連携していく。彼らをグローバルのテクノロジーチームにつなげ、日本で生まれた技術を世界で利用する機会をもっと増やしていきたい。

それがジョイントベンチャーにつながることもあるだろう。GEが埋もれたアイデアや技術を探すことは、ベンチャーや中小企業にとっても大きなチャンスになるはずだ。それもインターネット上のネットワークを活用することでアクセスが広がり、埋もれた技術を見つけやすくなる。イメルトは日本の技術力に敬意をもっており、これまでも多くの日本企業と積極的に技術協業を図ってきた。実際、複数の日本企業との提携による「歴史を変える革新技術」の開発・商業化が進んでいる。

もちろん、埋もれた技術を探す試みは、以前から行っていた。2年に一度、「ジャパン・テクノロジー・イニシアチブ」という技術公募を開催し、新しいアイデアを求めていた。

ただこれまでは、テーマを絞り込むことなく、新しいアイデアや技術を広く取り寄せ、技術がわかる日本の社員がそれをスクリーニングし、応募者と個別のミーティングを行って、面白そうなものをアメリカの本社につなげるという、いわばアナログ的な方法を取っていたのである。今後はおそらく、本社のテクノロジーチームと直結して新技術を探索することになる。

たとえば、エンジンに使う特定パーツの軽量化技術、発電タービンの耐熱性のための技術などテーマを絞り込んでアイデア募集を行って、GEが求める技術をオープンにして募集するような仕組みができれば、優れたアイデアがもっとたくさんかつ効果的に集まるのではないかと思っている。新しい公募は2016年6月からスタートしている。

眠れるビッグデータの活用

日本の強みは、熟練度や経験、知識をフルに生かして効率化を図ってきたことにある。それはそれで素晴らしいことだが、限界まで到達してしまった感もある。

考えてみれば、知識や経験はビッグデータといえる。ビッグデータは、人間の脳を超える情報量を扱うことができる。知識と経験をデータ化することによって、もっと高いレベルでの効率化を実現できることは疑う余地がない。

ところが、いまはまだそのビッグデータが活かされていない。では、活かすためにはどうするか。日本の製造現場がこれまでやってきた、カイゼンやTQC活動などの個別の提案型の取り組みにデジタルのデータをプラスすることだろう。それについての取り組みは第3章で紹介した。

そのときネックとなるのは、自社がもつデータをデジタル化すると、他社に漏れてしまうのではないかという恐れだ。たしかにノウハウは大切だが、データはもっているだけでは価値を生まない。適切なかたちで使ってこそ価値が生まれる。その点、GEデジタルのプレディックス・クラウドは、内部の人間も触れられないほどのセキュリティを確保していることが大きな強みになりそうだ。

サイバーテロから工場を守る

もうひとつ、日本でも最近手応えを感じているのは、サイバーセキュリティである。特に我々が力を入れているのは、ITではなく、OT（オペレーション・テクノロジー）のサイバーセキュリティだ。そのセキュリティの重要性が、昨今急増しているインフラ機器へのサイバーアタックから高まっている。

いわゆるITのセキュリティは、個人から企業に至るまである程度きちんと準備しているが、産業機器を動かすOTのセキュリティは、これまでどの企業も手つかずだった。なぜならその危険性も、昔はさほど高くなかったからだ。

ところが、サイバーテロが狙うのは、実はそこかもしれないと思われるようになっている。テロが入り込み、意識的に誤操作を起こさせることによって、製造装置が止まってしまう、あるいは自然にどこかで事故が起こってしまう危険もある。GEはそのセキュリティに対するソリューションをもっており、その話をするとどの企業も反応がすごくいい。

実際、GEが関わっている領域で、セキュリティが重視されるものは多い。特に製造現場のセキュリティについては、これまで想像もしていなかったという企業も少なくない。

電力や交通といったインフラ部門は特にそうだ。サイバーアタックによって電力の供給が止まると、国の営み全体がストップしてしまう。交通事故が起こったり、病院の機能が止まったりして人命にかかわる大事につながる。

小さく生んで大きく育てる

これらの活動については、まずは大型の案件ばかり追いかけず、「小さく速く」を目標にしている。それこそファストワークスである。まずひとつの成功例を生み出し、それを展開していくというやり方である。

先に紹介したＬＩＸＩＬの事例もそうだ。まず東京地区の浴室ユニットからスタートし、それをうまく実行することで、別の施工や、別の現場に広げていこうとしている。最初から全部取り込んだ完璧さを追求すると時間がかかりすぎるため、小さく始めながら調整するほうがいい。小さい成功体験を積み重ねるほうが、お客さまとしてもトライしやすくなるはずである。

そうした成功事例は、日本の事業部間はもちろん、海外とも共有している。その場合は、動きの速さも問われる。現在の情報社会、スピード社会は昔と桁が違うからだ。

たとえば社内で情報を共有する際、メールや電話を利用するときもあれば対面で行うべきときもある。最近は、ビデオ会議を頻繁に使うようになり、日本のオフィスにビデオ会議ができる場所を複数に設けた。以前は、ビデオ会議システムは２部屋しかなかったが、３年前に一気に増やしたことで、いまは常に誰かがグローバルとの情報交換に使っている。画面を通してであっても、その場で議論ができると細かいニュアンスも伝わりやすく、メールのやりとりとは随分違うものだ。

リバース・イノベーションの日本展開

GEは、世界を仰天させる新たなビジネスモデルを数々と創出してきた。

有名な事例が、1000ドルの携帯型心電計（ECG）や1万5000ドルという低価格の小型超音波診断装置によるリバース・イノベーションだ。当初このECGは、インドでは安価なものしか売れないためインドの農村向けにつくった。小型超音波診断装置も中国の農村向けに開発したものだった。それをアメリカや日本にもってきたら同じように人気を博した。このように、新興国向けに製品開発したものを先進国市場に投入するビジネスモデルは、一般にリバース・イノベーションと呼ばれる。

日本ではコンパクトな手のひらサイズの超音波診断装置を使って、また別の種類のリバース・イノベーションを起こしたことがある。日本チームはせっかくこれまでは違うものができたのだから、違う売り方をしようと独自で考えたのである。

日本独自の販売手法を使った小型超音波診断装置

グローバルのマーケティング部門からは、既存のお客さまに画期的に小さくて軽いものを開発したのでもう1台使ってみないかお勧めするよう言われていたが、それだと従来製品との食い合いが起こってしまう。そこで日本においては、小さなクリニックや開業医など、いま超音波を使っていない医療機関に売り込んでみることにした。

問題は、それまで小規模な医療機関に売り込んだことがなく、チャネルがないことだった。そこで、この小型超音波診断装置がスマートフォンに似た形状だったこともあって、スマートフォンのビジネスモデルを参考にしたのである。まずインターネットを使った宣伝でデジタルマーケティングを実施し、ネットでコミュニティを構築していった。

それによって、一度使ってみようという医師が各地に現れてきた。その販売も我々の営業部隊が訪問して説明するのではなく、ネットや電話で注文を受けて直送する方法を取った。医療機器であるため、医師であることの証明書だけは送ってもらうが、使い方は簡単なので使用方法はネットで学んでもらうようにした。

この販売方法が大成功だった。これなら小さなクリニックでも使えると、医師のソーシャルネットワーク間でユーザーにマーケティングをしてもらえた。いま、この小型超音波診断装置は世界で日本が一番売れている。

製品のイノベーションに日本チームは関わらなかったが、売り方で日本独自のイノベーションを起こしたわけである。それがベストプラクティスとなって、いまアメリカやヨーロッパも日本を見倣った販売方法を取ろうとしている。ここでも、日本の力をグローバルに見せつけることができた。

アントレプレナーシップ精神の浸透を図るために

「ファストワークス」に代表されるアントレプレナーシップ精神の浸透も進んでいる。まだスタートしたばかりだが、さまざまなところで成功例が出始めた。日々の行動、考え方、新製品、新サービスの開発……。まずはリスクを取って挑戦するということだ。

これまでは、いろいろな意味で慎重すぎた。GE全体もそうだが、日本は特にそうだった。しかし、いまはそこまで慎重に考えず、ある程度リスクを取ってやってみようという声が社員からも出てくるようになっている。上司からも「この程度のリスクならOK。やってみろ」という指示が出やすくなった。これは大きな変化だと思う。

意外に思われるかもしれないが、同じことは営業面でもいえる。長年、営業に携わってきた人たちは、かつての好景気の時代も、GEの製品が断トツに強かった時期も知っている。そうした過去の栄光がいまだに染みついており、それをできるだけ守りたいという守勢でいる人たちがまだ結構いる。

しかし、いまや競合状況も違えば情報量も違う。そのような環境のなかでは守りよりも攻めに転じる必要がある。過去の栄光や手法を捨て、新しい挑戦に取り組まなければならない。もちろん、そこにはリスクも伴うが、それをやらず守るだけでは縮小していくばかりだ、という気持ちが少しずつ浸透してきたように思う。

若手が仕切ったキックオフミーティング

日本でもそうしたリスクを取った新しい試みが増えてきた。多少のリスクは覚悟

キックオフミーティング

してとにかくやってみようと、事業を問わず言われるようになってきた。

たとえば、2016年の初めに全社員が集まったキックオフミーティング（写真）。これまでのキックオフミーティングは、私が新春のイメルトのボカ・ミーティングでのメッセージを含めて、その年の方針や戦略を一方的に話すスタイルだった。続いて各事業部門のリーダーが、自身の事業部門の戦略や実施内容や、昨年の特筆すべきトピックを報告して、最後に優秀者の表彰式を行う――というパターンが決まっていた。

だが、2016年はカルチャーチェンジの必要性が叫ばれていたことから、これまでとは違うことをやろうとみなで相談して、式次第を大きく変えてみた。

2016年のキックオフミーティングは、何をやるかについて私や事業部門のリーダーは一切関わらず、各事業部から選抜した若手社員8人のコミッティ（委員会）にすべてを任せたのである。

彼らは社員が一堂に会する場で、お互い何を話し合いたいか、どんなことを共有したいかを決め、その議論方法を話し合った。参加するメンバーも彼らが決め、その推進を人事部や広報部がフォローするようにした。

GEデジタルのコンセプトが理解される

その内容が実に素晴らしかった。参加した社員にあとで聞いてみても、こんなに楽しいキックオフミーティングはこれまでなかった、と大好評だった。しかも、GEが向かうべき方向性がよくわかり、自分の認識が不足していたところが理解できたと喜ぶ社員が多かった。

とはいえ初めての試みだけにリスクもあって、社長としても多少の不安があったのも事実である。当日まで私も何をやるのかまったく教えられていなかった。彼らから言われたことは、開会の挨拶で「ようこそいらっしゃいました。これからは何が起こるかわからないけどもよろしく」とだけ言ってください、ということだけだった。

蓋を開けてみると、全員参加型のミーティングで、寸劇のような演し物《だ》があり、パネルディスカッションもあれば、ゲーム的な要素も取り入れられていた。参加者のスマートフォンに事前に専用ソフトウェアをダウンロードしてもらい、演台で語られた意見をどう思ったかをスマートフォンを使ってアンケートを取り、集計結果をスクリーンに映し出すという趣向もあった。

これまでは毎年、全世界のリーダーが集まったボカ・ミーティングでイメルトが語った今年の方針を、日本のチームによりわかりやすくして私から話していたが、それも許されなかった。ボカ・ミーティングで語られたことは直後に文書で発表されており、「そういうことは、もうみんなわかっているんです」と言われて、もっともだと納得した。

このミーティングで痛感したのは、社員たちがデジタルの未来に大いに興味をもっているということだ。それまではGEデジタルのコンセプトは理解できたが、それをビジネスにどう落とし込めばいいかがよくわからないという声が多かった。そのため、キックオフミーティングでは、それぞれの現場の担当者をステージに上げ、現場でいま何をやっているかをパネルディスカッション形式で語ってもらった。

それによって、興味はあったものの具体的に理解できなかったところがよくわかったと喜ぶ社員が多かった。私としてはうまく伝えて展開すれば、伸びしろの大きい分野であることが改めてわかり、励みになった。

グローバルとのコミュニケーション

私にとって一番の喜びは、日本チームのメンバーがグローバルで認められることにある。それは数字を達成したときよりも嬉しい。日本チームは概しておとなしいと言われるが、それでも私のことを一所懸命に理解してくれ、成長して本当のグローバルタレントになってくれたときの喜びは何ものにも代えられない。

GEジャパンは、成熟化した日本市場で事業を成長させなければならないというチャレンジングな環境にある。成熟市場での活躍は難しい半面、やりがいもあるものだ。外資系企業といえども、社員は日本を代表して国のために働きたいと思っている。しかも、その成果が世界に認められることでモチベーションは高まる。

日本の社員が大いに頑張ってくれており、みな素晴らしいポテンシャルをもっていることをグローバルに伝え、認めてもらうのが、私の仕事だと思っている。ベストプラクティスとなる日本の成功例をグローバルに積極的に伝えるなど、コミュニケーション上ではかなり努力してきた。

グローバルとのコミュニケーションは、やはり根底に自信と情熱をもって伝えることが大切だ。正確に伝えるにはデータはなくてはならないものだが、併せて自信と情熱をもち、ブレない軸で明確にものを言うことが欠かせない。データの裏付けがある素晴らしいアイデアでも、遠慮がちに伝えると相手に真意は伝わらない。伝えられなかったら、ここまでやってくれた部下たちにリーダーとして顔向けができない。

日本に期待されていること

GE本社から日本市場に期待されていることは、大きく3つあると考えている。ひとつは、日本国内のお客さまについてである。国内で我々がお付き合いさせていただいているお客さまは、非常に優秀な企業が多い。私どものお客さま、日本のメーカーと言い替えてもいいが、品質や生産性に対するこだわりや、製品の性能・精度に対する要求度合いは世界一だと思う。

そんな厳しい企業に認めてもらえることが、我々の目標でもある。日本のお客さまに認めてもらえた製品やサービスは、他のどの国にもっていっても恥ずかしくないものだ。GEの製品やサービスが評価してもらえるという意味では、日本は最高のマーケットなのである。

2つ目は、パートナーシップだ。国内でジョイントベンチャーなどさまざまな形式で、さまざまなパートナーと組んできたが、我々はパートナーから教わることがたくさんあった。品質に対しても教わったし、リーン・マニュファクチャリングやチームワークの重要性も教わった。このようにさまざまな新しい手法を教わることができるという意味で、日本は重要なマーケットだということである。

3つ目は、スケールである。かつてほどではないにしても、日本は世界第3位のGDPを誇る経済大国であり、どの産業も必ず世界トップテンに入るマーケット規模を有している。その意味では現在も大きな影響力はあるのだが、ただそれだけでは不十分である。産業インフラ事業に傾斜していくうえで経済の伸び率は無視できない大きな要素であり、その観点では中国をはじめ中近東、さらにその先にアフリカという巨大な潜在市場がある。

そうした市場と競争するためにも、日本ですでにしっかりした事業基盤があることを活かし、〝インダストリアル・インターネット〟を打ち出して現在の顧客に付加価値をさらに提案していく戦略が、GEグローバルのなかでも先行事例となる可能性がある。

日本には長年の付き合いがある優良顧客がたくさんあり、また、そうした顧客は生産性向上に極めて敏感で、次の生産性向上のための一手を待っている。顧客の要望によってインダストリアル・インターネット戦略に即したソリューションにさらに磨きをかけることができる。つまり、いまのGEが掲げる戦略は日本にとって大きなチャンスであり、それによってさらに日本の製造業が見直されることが理想である。

中国の人件費もいまや決して安くないので、かつてほどの差はなくなってきた。新興国の成長も全般的にスローダウンしており、日本にとって有利な環境になりつつある。そこにGEデジタルを提案することで、「よし、これだ！」と言ってもらえれば、いち早く日本で普及することになるだろう。イメルトがいまデジタルに懸けていることから、それが日本で真っ先に進めば世界に大きなアピールができる。

成長が日本市場の課題

いま、イメルトから強く言われていることは、やはり成長の重要性である。彼が特に最近よく言うのは“deliver in uncertain world”である。要するに、いまの世の中は何が起こってもおかしくない。そんななかでも常に最善のソリューションを提供し、結果を出すことがGEの役割だ、ということだ。日本全体の経済成長は1%程度かもしれないが、方法によってGEはもっと成長できるはず。そのために何に特化して、どこで伸ばすのか。どうやって強みを活かすのかを常に考えてほしい、と常に言っている。

彼の言うとおり、成長は日本全体にとっての課題である。逆に言えば、成熟市場と言われているなかで事業を伸ばすことができれば、それが真の実力を示した証拠になる。市場全体が伸びているときに成長できるのは当たり前のこと。ポジティブに考えると、全体の成長が止まったときのほうがやりがいは大きいものなのである。

GEジャパンの日本人社員

いまGEジャパンで働く社員は、約95%が日本人である。この比率も以前に比べるとかなり高まった。昔は、事業部長などの高位の役職者は本社から派遣されてきたエキスパートが多かった。日本ではそうしたリーダーのローカライズ、日本人化が進められてきた。

それはイメルトの方針でもあって、他の国も同じである。それぞれのローカル市場を深耕するには、その国をよく知る人間に任せたほうがいいという考え方である。そのため、先進国が先行してローカライズされてきた。人材が育っていない新興国では、トップはアメリカ本社からという国もまだ多いが、中国などはいまや主要なリーダーのほとんどは中国人に任されている。ちなみに、北京に本社を置くGEチャイナのトップは、私とはプラスチック事業時代からの仲間である中国人女性である。

CEOもそうだが、生え抜きの内部昇格者が多いこともGEの特色である。これはグローバル展開をする企業では珍しいことかもしれない。それがGEの文化の形成にもつながってきた。実際、長期間在籍している社員はみな、GEの文化が大好きだ。それがよい方向に出て成功することも多く、おのずと地位を上げていくことにつながっているのかもしれない。

女性活用は今後の課題

日本の社員の内訳をさらに見ていくと、約5分の1が女性である。ただ、幹部比率はまだそれほど高くない。日本企業でいうところの部長クラスに当たるEB(Executive Band)という職階までいくと20%以上が女性だが、その下のマネージャークラスになると10%程度になる。一般社員になるとまた増えて、25%を超えてくる。

EBクラスになる人たちは男性も女性も相当に選び抜かれてきた人材で、キャリアを積んで外部から採用された人たちも多く、結果的に男女の比率が近くなる。その下のレベルは、下から上がってくる人がほとんどなので、どうしてももともと数で優る男性のほうが多くなってしまう。中間管理職はまだ男性が多く、「この仕事はまだ女性には無理」と思い込んでいるところがあるし、女性社員も「偉くなりたくない」とか「いまのままでいい」という人も少なくないのが現実だ。両サイドにまだ問題がある。このあたりは、GEジャパンがまだ抱えている課題と考えている。

中間管理職の奮起に期待する

現状で注視しておくべきは、上層部と若手に挟まれた中間層の接近ではないだろうか。上層部と若手は、ともに将来に目が向いている場合が多く、タッグを組みやすい。ここが強力に接近したとき、中間の管理職が置いてきぼりを食うリスクは大いにある。

それには、中間層にも将来に目を向けて考えてもらわなければいけない。中間層も、全員が変わらなければならないというマインドをもってもらうように仕向けることが大事だろう。

そのなかでも、変化を遂げた人、変わろうとしている人、まったく変化せず停滞している人がいるが、少なくとも変わろうとする気概をもたない人たちはこれからのGEには必要な人材ではない。社内にそうした雰囲気を醸し出すことが大切だと思っている。風通しがよくなると、中間層がいくらブロックしても、次々と下から声が上がってくるから、だんだん自然と乗る中間層の人も出てくる。また、乗り切れなくて浮いてくる人も出てくる。

オフィスの変革

オフィスもできるだけ「自分の席」をなくして、フリーアドレスを広げようとしている。この試みは、国や事業部によって先行するところが出てきている。また、日野工場には椅子を置かず立ったまま実施する形式のミーティングルームを2015年につくった。背もたれがない椅子に替えた会議室もある。背もたれがないと第三者的な態度をとれず、仲間の議論から遠ざかれなくなって、自然と会議に没頭するだろうという人間心理をついた椅子だ。そんな小さなことにも気を配っている。

デジタル機器のほか、ホワイトボードも大きくしてきた。デザイン系のコンサルティング会社でよく見かける壁面ホワイトボードを設置した会議室もある。それだけ、会議のなかでのプレゼンでマトリクスやチャートをよく描くようになってきたからだ。会議の最中、メモの代わりに絵にしていく装置も設けた。会議もそうだが、入れ物である会議室も以前とは様変わりしている。

成熟市場の日本で成長を目指す

GEジャパングループの決算数値は公表していないが、2015年は非常に成績が良かった。GEの場合、全事業を統一して見る指標は受注金額になる。私たちのビジネスは、数ヵ月で決着がつくショートサイクルの案件、手掛けてから売上が上がるまで数年かかるロングサイクルの案件が混在しており、その期の売上や利益だけで判断すると整合性を欠くことになるからだ。日本のGEビジネスは2015年、その受注高で2桁成長を果たした。

世界のGEのなかで日本は、トップファイブの一角を占めている。1位は当然アメリカで、2位が中国であることはここ数年変わらないが、3位以下は年ごとに順位の変動がある。カナダ、インド、フランス、オーストラリア等が3位から7位を占めており、日本はいつも5位前後にいる。

GEでは、先進国をディベロップトマーケット（成熟市場）、新興国をグロースマーケット（成長市場）と呼んでいるが、成熟市場での成長率は近年、あまり大きなものではなかった。その成熟市場で日本が2桁成長ができたことはグローバルにも大きな驚きをもたらしたものだ。2015年は新興国が少しスローダウンしたことから余計に目立ち、日本の存在感が一挙に跳ね上がった。成熟市場でも伸ばせるということを大いにアピールできた年になった。

海外事業を統括する副会長のジョン・ライスには、「日本は成熟市場ではあっても、チーム一丸となって数字を伸ばす」とコミットしていた。幸い2桁成長ができ計画も達成できたことを自信として、これからも2桁成長を目指すことを伝えた。ジョン・ライスも成熟市場に大きな伸びは期待していなかったはずなので、2015年の結果は嬉しい驚きだったに違いない。日本が目立ったことを素直に喜びたいと思っている。

2015年の好調の要因とパワー部門への期待

2015年に日本の業績をそこまで押し上げられた要因は、複数ある。

ひとつは、アビエーション部門の受注が非常によかったことだ。そのうち航空機エンジン事業が伸び率では貢献度が一番大きかった。足の長いビジネスが多いアビエーション部門は、ある程度の見通しがついていた。特に航空機エンジンの多くは、何年も前に決まっていたものが実際の受注になり、そしてまた何年か先に出荷となるからおおよそは読める。

次に発電機器事業などパワー部門が好調で、特にガス発電の周辺サービスのビジネスや新規のビジネスが計画どおり受注できた。発電機器事業の場合も、新しい機器の受注は航空機エンジンと同様に納入よりかなり前に決まるが、サービスのビジネスは各年の短期決戦である。昨年は特にサービス事業が伸びた。ほとんどの原子力発電所が停止していることもあって、火力発電設備をできるだけ稼働させて効率を上げるという需要が出てきたからだ。具体的には老朽化した設備をアップグレードするというニーズが多かった。それも、既存の機器が入っていればこそである。

原子力発電は、ニーズがある限りポートフォリオのひとつとして継続するし、日本以外の国では稼働している発電所も多く、決して重要視していないというわけではない。ただ将来を考えると、これから伸びるのはガス火力発電のほうだろう。

風力発電の伸び率は非常に高く、これからも有望だが、規模の大きさでいえばガス火力発電にはいまだ及ばない。火力発電のなかでも石炭火力は、特に初期投資のコストを極力おさえなければならない新興国での潜在ニーズに対応していくことになるだろう。その場合も、できるだけクリーンなコール発電に注力してニーズを満たしていくことになる。

一方、先進国はガス発電を推奨していくことになるが、アルストムの買収によってスチームもガスも両方を手掛けることになる。アルストムを買収し組織改編に努めているところで、日本にも今後その影響が及んでくる。

アルストムは日本では主にＡＱＣＳ（Air Quality Control Systems）といって石炭火力発電所、化学プラント、焼却炉向けの排ガス処理装置に代表される環境保全機器を長年手掛けていたほか、陸上・洋上風車の販売・グリッド（送配電）製品の販売をしており、これらのビジネスを受け継ぐことになる。一方、それ以外のボイラプラント、およびコンバインドサイクルプラント向け各種ボイラや蒸気タービン・発電機などの旧アルストムの製品はＧＥジャパンでは販売をほとんど行っていなかったが、両社が一緒になりチャネルが広がることから、日本でもこれから新しい動きが出ることになる。

ヘルスケア部門は業界全体としてやや停滞ぎみだったが、ＧＥジャパンは市場全体の伸びを上回ることができた。これはＭＲＩやＣＴ、超音波診断装置などの機器の販売が好調だったことによる。新製品のリリース時期に当たった幸運もあった。伸び率自体は航空機エンジンや発電機器ほどではなかったものの、それが業界全体の数字を上回る結果につながった。

オイル&ガス部門はそもそも、日本で石油やガスの掘削事業がないなど規模は小さい。ただし工場向けのバルブ関係や計測機器、センサーなどがそれぞれ小規模ながら非常に好調で、計画を少し上回る受注が入った。そうしたことで全体の数字が良くなったのである。

GEジャパンの今後の展開

好調だった2015年に引き続き、成熟市場である日本をさらに伸ばし、連続で2桁成長を目指している。2015年の実績が単に運に恵まれた偶然ではないことを示すためにも連続して好業績を達成する必要がある。

そのネタは十分にある。電力部門ではよいタイミングで「HA」という世界最大出力、最高効率のガスタービンが出たことから、その正式受注がこれから増えてくるだろう。風力発電も追い風が吹いており、受注が急増するものと期待している。

それらによって、電力部門は引き続き好調を維持できる。他の部門も特に悪い要素は見当たらない。

電力関連の新規機器の需要増は、この先も続くはずだ。電力業界の自由化が進み、それによる需要増も見込める。ただし、２０１８年あたりにはそれらの需要は落ち着いてくるため、代替する別事業の強化が必要になってくる。

それが、繰り返し述べているインダストリアル・インターネットだ。その頃にはＩｏＴ関連のビジネスも大きくなり、うまく回り始めれば毎年2桁成長を実現するのも夢ではないと思っている。

ONE GEとしてグローバルな協業を目指す

昔は外資系企業であるがゆえの参入障壁を感じることもあったが、いまはほとんどないと言っていいだろう。ただ、官公庁などへの発言力が低いことは否めない。閉ざされているわけではないが、すべての条件が日本企業と同じであれば、どうしても国内企業が優先されるという危機感は常にもっている。だからこそ、競合を上回るよりよい製品・サービスを提供する努力は国内企業以上でなければいけないのである。

ＧＥでは、海外に強い日本の大手商社と連携したグローバル展開も強化している。

特に東南アジアやアフリカ、中南米などの新興国において、パワーとオイル&ガスの両部門では日本の商社の存在が重要なものになっているためだ。

GEのこうした商社との共同作業において、GEジャパンの立ち位置は重要である。たとえば、アフリカの電力案件であれば、基本的には商社の出先とGEのアフリカグループのやり取りになるが、日本商社の本社が日本にあることから、日本サイドも何かとフォローできる体制は常につくっている。

このように、商社やGEの他の拠点とのやり取りもGEジャパンの重要な仕事になっている。そこで貢献しても日本の業績にはならず、まさにボランティアではあるが、これも「GEストア」のひとつだ。GEのアフリカグループにしてみれば、グローバルのチームによる「ONE《ワン》 GE」での戦略となるわけだ。

そうした取り組みを進めつつ、3年後のインダストリアル・インターネットの進捗と、その効率化を組み合わせれば2桁成長も不可能でないことはおわかりいただけると思う。もちろん、継続的な高成長はかなりストレッチぎみの目標ではあるが、成長は経営者としての責任でもある。成長は、本当の強いビジネスの原点となる。たとえ先進国であっても、あるいはどんなに厳しい環境であっても、少しでもいいから必ず伸ばす、日本はそれができるチームだというGEジャパンのブランドを構築できれば大きな強みになる。常に伸びている新興国より目立つ存在でいたいと思っている。

成長を加速させる組織「GGO」

日本の組織では、私が社長を務めるGEジャパンのなかに、GEジャパンそのものと呼んでもいいGGO（Global Growth Organization）というコアの部門がある。GGO自体は世界各国にあり、GEコーポレートとして成長をいかに加速させるか、いかに新しい成長をつくり上げるかを目的に動く部門である。

GGOが具体的にどんな仕事をするかというと、各国にあるそれぞれの事業部の出先を連携させている。たとえば日本にも電力、ヘルスケア、航空機エンジンがあって、日々それぞれ成長を追求しているが、GEという視点で横串を通すことによって、それぞれが単独ではできないことの実現をサポートするのである。それによって、彼らが追求する成長をより加速させる手助けをするとともに、まだ誰も手掛けていないようなビジネスや新しいサービスをつくるという、2つの役割をメインとしたチームである。

インダストリアル・インターネットは新しいビジネスであることから、GGOが核となり、各国・各事業のビジネスリーダーと相談して戦略を進めている。

２０２０年東京オリンピックに向けて

加えて、日本における新しいビジネス機会という点では、２０２０年の東京オリンピックがある。これによって新たなニーズが数多く形成されることが予想される。従来、オリンピックについて単独の部門では追いかけてこなかったが、これから２０２０年に向けてＧＥの総合力を活かして何ができるか、いまネタを仕込んでいる最中である。

幸い、ＧＥはオリンピックのワールドワイドスポンサーとなっており、一定の権利をもち、さまざまな情報が入ってくる。同じくワールドワイドスポンサーを務めたロンドンや北京での経験も活かし、多様な支援ができそうだ。たとえば、直接的なビジネスでは、競技場や選手村の非常用電源装置、選手たちのための医療設備などがある。

そうした直接的なものばかりではなく、レガシーとよく言われるが、２０２０年に東京で迎える人たちが目指していること、あるいは東京都が目指していることは、これを機会に新しい日本をつくることにある。それに対してＧＥ全体でどのような貢献ができるか、真剣に考えている。

たとえば、将来のクリーンエネルギーのモデルを、２０２０年を目標につくることもひとつの可能性だろう。実際これまで以上に再生可能エネルギーや水素を利用していく動きもある。そうした事業のタネについて関係者と話し合いながら、さまざまなプロジェクトをつくっていくことになる。そうしたことをＧＧＯが中心となって各担当業種と話し合って取り組んでいく。

その意味で、レガシーをいま楽しみにしている。１９６４年の東京オリンピックでは、新幹線をはじめ新しいインフラが日本にたくさん登場した。それと同様に、２０２０年をきっかけにこんな便利なものができた、と10年後、20年後に話せるようなものをつくれれば最高である。それを手掛けたのがＧＥだ、と日本人の心に残せるようにしたい。

第8章

私がGEで学んできた“Be Yourself”の大切さ

失敗経験こそが成長経験

この最終章では、GEやリーダーシップについて、私が経験を通じて感じるところをお伝えしたい。GEへの入社は1984年だから、以来32年が経つ。この間にさまざまな経験を積んできたが、特に失敗経験から学んだものが多かった。それが自分の基盤になっている。その経験を語ることで、GEという会社の懐の深さもより理解してもらえると思う。

一般に、外資系企業に勤める人は、比較的短期間に次々と転職してキャリアを積むことが当たり前のようになっている。もちろんGEでも他社に移る人も少なからずいるが（新天地で大活躍されている方が多い！）、私のように、GEに愛着を感じて勤続する人間も他の外資系企業よりかなり多いように思う。それは、アメリカ本社のトップの長期政権も影響しているだろう。トップが代わり、会社の方針が変更されれば、みずから会社を去ることを選択する人も自然と多くなる。

私は、豊富なキャリアをもって入社したわけではなかったため、それこそ一歩ずつリーダーシップを取るポジションに向かって進んできた。ＧＥで働いて楽しいところは、多様な事業があることから幅広い経験を積めることである。

上司の〝エッジ〟を勘違い

私がリーダーとして大きな学びを得たのは、90年代の前半に日本ジーイープラスチックスという会社の営業本部長という、初めて大きなグループのリーダーとなって多くの部下を抱えるようになったときのことだった。

同社の外国人社長にこう言われたのだ。

「君にはエッジが足りない」

当時、ＧＥでは〝エッジ〟という言葉がよく使われていた。エッジとは刃物の切れ味という意味である。

リーダーとしての切れ味を利かせるにはどうすればいいか、大いに悩んだ。その上司は、いつも眉間にシワを寄せた怖い顔をして威圧的な話し方をする人だった。それを見て、上司のいうエッジとはこういうことかと思い、浅はかにも真似しようとしたのである。

次の日から、私も眉間にシワを寄せ、威圧的な態度で部下と接するようにした。

部下たちは驚いたことだろう。私なりの懸命な努力だったのだが、このやり方はこちらも疲れるし、部下に伝えたいことも伝わらなかった。

こんなことではいけないと、反省して考え直した。そこでようやく、エッジとは、必要なときに素早くかつタフな決断を行うということで、普段から切れ味の鋭い人間に見せかけろということではないことに気づいた。

それに気づいたあとは以前の自分らしさを取り戻し、ここぞというタフな判断が必要なときだけ顔つきも口調もビシッと決めて、部下に伝えるようにした。それによって非常に気が楽になった。

アメリカでの苦い体験

その後、90年代の終わりにはアメリカのGEプラスチックス本社に赴任した。

GEは、結果を出せば配属の希望を叶えてくれる。GE本社には日本法人との連絡係や日系企業を担当するなどいわゆる日本人向けの仕事があったが、そんな仕事では面白くない。幸い、私はアメリカの大学を出ているから英語には自信があった。せっかくGEに入ったのだから、アメリカで、アメリカ人が通常こなす業務を任せてほしいと言い続けていたのである。

そんな折、北東地域のセールスマネージャーの席が空いたので行かないかという打診があり、喜んで応じた。

ところが、赴任する飛行機のなかで、本当に自分にアメリカの部長が務まるのかと、どうしようもない不安にかられた。部下は全員アメリカ人、交渉相手となるお客さまも全員アメリカ人。そんなところに日本人がひとりで行って仕事になるのか、と急に自信がなくなったのである。

そんな気持ちを引きずり、不安たっぷりでアメリカに着任した。最初にチームを集めて自己紹介したときは、緊張のあまり足が震えたものだ。そんな状態でスピーチしても、部下には何も伝わらない。アメリカ人の部下たちは「なんだか、頼りなさそうな部長が来たな」という顔をしていた。

当時はちょうど原料である石油価格が高騰し、取引先に対してプラスチックの納入価格の値上げ交渉をする必要があった。あるとき部下から「交渉が難航している取引先があるので、ついてきてくれないか」と頼まれて同行した。

交渉の席に着くやいなや、相手の購買部長は、アメリカンスタイルで顔を真っ赤にして怒鳴り散らしてきた。途中からはさらに激高して机をドンドンと叩きながら「1セントたりとも値上げはのまない」と叫び始める。日本ではまず見かけない光景だが、これがアメリカの交渉術なのかと思い、私も立ち上がって「これだけは絶対に受けてもらう」と怒鳴り返した。

だが、慣れないやり方は通じない。最後は言い負かされ、白旗を掲げてスゴスゴと帰ってくるしかなかった。一番がっかりしたのはアメリカ人の部下だ。事態を打開しようと上司を連れていったのに、相手との関係がより悪化してしまったのだから当然である。

こんなケースが何度か続き、仕事がうまくいかない、部下からの信頼も得られない、という悪循環に陥ってしまった。米国に着任して数ヵ月は、悩みと苦しみの連続だった。

このときも、大いに反省したものだ。ある日、ゆっくりと我が身を振り返って考えてみた。そして「無理しても仕方がない。それよりも自分のスタイルで試してみよう」と思い至ったのである。

日本流の交渉で成功

続いて同じような値上げ交渉の場に出たときは、日本的な交渉術に徹した。怒鳴り散らす相手方の責任者に対し、日本でやっていたときと同じようにひたすら頭を下げ「おっしゃるとおりです」「ごもっともです」と、先方の話に黙って聞き入ったのである。

そして、相手が怒鳴り疲れて少し落ち着いたときを見計らい、「お客さまのおっしゃることはもっともです。しかし私もこのまま帰るわけにはいきません。ここはどうしてものんでいただかなければならないのです」と落ち着いて自分のペースで話すようにした。すると、相手も根負けしたのか「仕方がないな」という顔つきになって、半分だけ値上げをのんでくれた。

このときも、一番驚いたのは部下だっただろう。「なぜ、あんなやり方で値上げをのんでもらえたのか」と不思議そうな顔をしていたものだ。

この経験で気づいたのは、アメリカで仕事をするために自分が日本人であることを捨て、アメリカ人になり切ろうと思ったことが、そもそも間違いだったということだ。アメリカであろうと日本であろうと、積み上げてきた経験から自分なりの姿勢を前面に出し、それを武器にすべきであったことに初めて気づいたのである。これは私にとって、貴重な体験になった。

リスクを取った挑戦が成功を呼び込む

日本に戻って、日本ジーイープラスチックスの社長に就任した。前任者までは外国人が社長だったが、初めて内部昇格で日本人が社長になった。「言葉が通じ、カルチャーがわかる仲間が社長になってくれた」と社員たちは大いに喜び、盛大なお祝いをしてくれた。

しかし就任早々、上司から電話が入り、社長として最初の任務を言い渡された。それはなんと、リストラの実行だった。

その頃、景気は下降局面に入っており、リストラもやむなしという環境にあったことはたしかだ。産業の空洞化が進み、顧客が次々と中国や東南アジアに工場を移転させており、日本のマーケットそのものが縮小していた。それに合わせて、我々もダウンサイズする必要がある。人員削減がお前の最初の仕事だと、上司から強く言われた。

さあ、困り果てた。しかし、上司の言うとおり、どう見ても人員が過剰なことは明らかだ。ここは事業を守るためにタフな決断が必要だと自分に言い聞かせた。

チームリーダーたちを集めて話をしたところ、昨日まで祝福してくれていた彼らの顔が一変した。それぞれ、リーダーとして部下を率いる立場にあるから当然だろう。なぜいまリストラを強行しなければいけないのか。せっかく我々の気持ちをわかってくれる人がトップになったと思ったのに、上の命令だからと言って唯々諾々と引き受けるのなら前の社長のほうがましだったと散々非難され、正直つらい思いもした。

しかし、やるべきことはやらなければならない。リーダーたちと何回も膝を突き合わせ、なぜリストラが必要なのか説得を続けた。

しばらくすると、また上司から電話がかかってきた。「あれからもう1ヵ月も経っているのに、全然進んでいないじゃないか。何をやっているんだ！」と叱責された。

このときは、さすがに反論した。アメリカ式に相手に有無を言わさずトップダウンで物事を進めることは、日本では逆効果になって、リストラ後の事業運営に支障をきたす恐れもある。やるべきことは必ずやり遂げる。しかし、日本には日本のやり方がある。トップダウンで強引に通達するだけでは納得が得られないから、スタートまで少し時間をかけさせてほしい。ここを乗り切れば、あとは必ずスムーズにいくから――と。

上司は半信半疑だったと思うが、何とか時間をくれることになった。引き続きリーダーたちとの話し合いを続けたところ、最後はみな理解してくれた。日本のチームは決まったことに対しての実行力は世界一だ。プランどおりのリストラを実施し、残すべき人材も維持できた。

すべてが終わったあと、上司から電話があり今度は「なるほど、君に時間をあげてよかった。言っていたとおり、最初に時間をかけて話し合ったのが正解だったようだ」と言われ、やはり自分の信じるやり方でよかったのだ、と大きな自信になったものだ。

リストラだけで終わらせたくない

その後、GE東芝シリコーンというシリコーン材料を扱う会社のアジア圏の社長を務めた。実は、このときも真っ先に命じられたのはリストラだった。プラスチックスのときと同じようなプロセスを経て、何とかやり遂げた。

問題はリストラのあとだ。人員が少なくなったぶん短期的な収支は楽になったものの、日本の景気は低迷し産業は空洞化しており、いままでどおりの商売では縮小均衡の一途だった。やるべきことはやったのだから、次のステップに踏み出す必要がある。残った人たちを集め、これからどう巻き返すか、これから我々が切り拓いていくべき道はどこにあるかを話し合った。

結論として出てきたのが、GEがモットーとする「選択と集中」である。米国本部には、日本チームの強みが活かせるところに集中投資してもらおうと決めた。

当時、シリコーンのビジネスは非常に幅が広かった。建築用の窓ガラスのシーリング材のような汎用材から、ハイエンドのエレクトロニクス分野での電子部材のコーティングや半導体の接着剤まで、用途はもちろん単価もまさにピンキリだったのである。日本チームはその最もハイエンドの用途に集中し、そこでのビジネスに特化しようと考えた。

実際、日本のエレクトロニクス市場は過渡期でもあった。新三種の神器と呼ばれた携帯電話、フラットパネルテレビ、デジタルカメラが普及し始めた時期だ。これらの機器は、日本でこれから間違いなく伸びる分野である。ここにリソースを集中させることにした。

それまで、全産業にそれぞれのマーケティング担当者を置いていたが、大幅に入れ替えた。自動車産業や建築用などの汎用材は中国法人に任せ、日本はマイクロエレクトロニクス分野に大幅にリソースをシフトしたのである。もちろん一部の社員からは反対もあったが、それくらいの変革を遂げなくては我々の存在自体が危うくなりかねない。中途半端に続けることはできないと腹を決め、ここはエッジを利かせて説得した。

これらの分野は、量は出ないものの利益率は高い。集中によって利益が向上し、よい循環が生まれてきた。

シリコーン事業での選択と集中

このときも、海外の上司から電話がかかってきた。「日本はやるな。たしかに売上の成長が大きいのは中国だが、利益の成長は日本のほうが上だ」と称賛の言葉を送られたのである。その話を部下に伝えたところ、日本のレーゾンデートル（存在意義）を保てた、とみな歓喜の声を上げたものだ。リストラという大手術を経てのことだったから、喜びはひとしおだった。

それによってみなのモチベーションが上がり、成長の勢いが増した。日本の成功を見て、北米や西欧のチームが、戦略を教えてほしいと問い合わせてくるようにもなった。それがまた、新たなモチベーションにつながった。

その結果、エレクトロニクス用のシリコーンのグローバルのセンター・オブ・エクセレンスを日本に置くことになった。専用の研究所を新たに設置し、製造工場も一新させてクリーンルーム化し、半導体の工場と同じようにエアシャワーを浴びないと中に入れないようにして、世界中どこを探してもないような世界一の工場をつくった。それによって日本チームがいっそう元気づけられ活性化するという、感動的な経験をしたものだ。

過酷なリストラを実行したのだから、エレクトロニクスへの集中だけはぜひやらせてくれと本社に掛け合ったみなの勇気が成功につながった。ひとつの分野に特化するということは、非常に勇気のいる決断だ。当然、特化することでリスクも生まれる。けれど中途半端で終わるよりは徹底的にひとつに懸けてみようとみんなで選択し、それをビジョンと情熱をもってみんなでやり遂げた。

独断で国内開発した小型CT

その後、GEコンシューマー・ファイナンス・ジャパンやGEヘルスケア・ジャパン、同アジアパシフィックの社長を務めた。そのなかで思い出深いのは、ヘルスケア・ジャパン時代の小型ＣＴの国内独自開発である。この製品は、まさに日本がリスクを承知で挑戦したリバースイノベーションだった。

私がヘルスケアの社長になったとき、日本のテクノロジーチームは悩みを抱えていた。米国にあるヘルスケア事業の本社が、どうしてもＣＴの小型製品化を認めてくれなかったのである。

日本は病院が狭く、コンパクトサイズでなおかつ高性能なＣＴのニーズが高かった。しかし本社からは「そもそもＣＴは大きいものだ。あえて小型化する必要はない」と言われ続けた。昔の自動車市場のキャデラックとカローラのような話だ。テクノロジーチームはグローバルで動いており、開発の優先順位は本社で判断するため、その許可がない限り先に進めない。

毎年申請しては却下される状況が続いていたが、3年目に私が社長として加わったとき、メンバーたちの開発に対する情熱と、絶対に売れるという確信に突き動かされた。そこで再度、私も本社に掛け合ったが、やはり承認は下りなかった。

こうなれば、自分たちで製品化を進めようという話になった。しかし開発予算はすべて本社が管理しており、日本には与えられていない。一方、通常の経費予算は各部署がもっている。そこで経費予算を少しずつ節約して、小型ＣＴの開発費に充てることにした。営業はもちろん、財務部、人事部もコストをセーブして開発に注ぎ込んだのである。本社も与えられた予算内でやるなら、と承認してくれた。

やはり勇気が成功を呼び込んだ

その結果、当初の狙いどおりの製品を完成させることができた。その小型ＣＴを発売すると、飛ぶような売れ行きを見せた。その製品は翌年にはヨーロッパにもち込まれて人気を博し、さらにその翌年には本社のお膝元であるアメリカでも販売された。いまでは、日本が独自に開発した小型ＣＴが世界で一番売れている。

思い切ってよかったと思った。日本チームが少しずつ経費をセーブして開発した製品であり、全員で生んだ子供のように思えたものだ。その子供が世界に羽ばたいていったという感慨をみな感じたことだろう。いまでも強烈な成功体験として残っている。

ＧＥは、そうした挑戦も許容してくれる会社なのである。もちろん、決断するには勇気がいる。もし失敗していたら、それなりのペナルティも負うことになっただろう。

一般に、日本の社員は真面目すぎるところがあり、大きなリスクを取ることを嫌う。失敗したらどうするのかということばかりが頭に浮かび、思い切ってリスクを取ることに躊躇しがちだ。挑戦してもいいと言われていても、なかなか踏み切れないことが多い。しかし、どんなにリスクの高い挑戦でも、顧客の真のニーズを捉えたものであれば、成功する確率は決して低くない。それを見極めた日本の社員の能力が高かったということだと思っている。

リーダーシップに上も下もない

このような経験から、私なりのリーダーシップのあり方を考えるに至った。リーダーシップとは、突き詰めていえば「人の心を動かす」ことではないだろうか。何かを成すためには、チームから真の納得を得なければならない。腕力で人が動くことはあっても、心は動かすことはできない。納得を勝ち取るためにはそれなりのインフルエンス（影響力）をもって心に働きかけ、それによってビジネスを動かし、カルチャーを変えていくことがリーダーシップではないかと思っている。

その意味で、リーダーシップは必ずしも上司がチームに対して発揮するだけでは

なく、部下が上司に対して影響を与えることも、周囲の人を巻き込んでいくことも
リーダーシップと呼べる。それはGEの考えるリーダーシップでもある。向かう方角は違っても、人の心を動かすリーダーシップがビジネスにおいて重要であることは言をまたない。

では、人の心を動かすにはどうすればよいか。

私の場合、最初は信頼関係の構築から始める。アメリカ赴任での失敗もそうだったが、新しいポジションに就いたとき、当初は周囲の納得をなかなか得られないものだ。

こちらが信頼しないと相手からも信頼してもらえないのは、ものの道理である。相互の信頼関係に基づいた強固な関係をまずつくることが、大切である。そのためには、まず「やるべきことをやる」ことだ。私が体験してきたリストラのように、どんなにつらくてもやるべきことをまず実行すること。それによって、周囲から「こいつは、やるときはやる」と思ってもらうようになる。それがエッジと呼べるものだと思っている。

次に、常にオープンで正直であること。リストラの際、まず各部門のリーダーと膝を突き合わせて何度も本音で話し合ったことが、私にとって非常によい経験にな

った。それ以来、何事も正直に話し、相手の話にも誠意をもってしっかりと耳をかたむけることを、心がけている。これらを通じて信頼を勝ち取ったあと、主張すべきことはクリアでシンプルに、そして情熱を込めて堂々と主張する。これによって、エレクトロニクス用シリコーンやコンパクトCTの成功を勝ち取ることができた。

この考え方はGEの正式の見解ではなく、あくまで私個人の解釈にすぎないが、時代の変化にもマッチした考え方ではないだろうか。トップダウンの腕力だけでは、本当の意味で人を動かすことはできない。本人に質《ただ》したことはないが、人の心を動かして初めて物事が動くということについては、イメルトも同じ考えをもっていると思う。

Be yourself を自分のモットーに

私はいままでの経験に基づき、"Be yourself" を自分のモットーにするようになった。いまも一番大切にしている言葉であり、Be yourselfで自分自身のリーダーシップスタイルを築き上げてきた。

Be yourselfは、直訳すると「自分らしくいなさい」という意味だが、私はもう少し深い意味を込めている。「常にそのときそのときの自分であれ」という訳が適当

1998年に"Region of the Year"の受賞パーティで（左から3番目が筆者）

だろうか。今日の自分は、今日の自分でしかあり得ない。無理をして明日の自分であるかのように振る舞う必要はなく、他人のふりをする必要もない。そこが重要だと思う。

いまの自分が完璧な人間であるはずは絶対にない。今日の自分より明日の自分のほうが大きくなっていないといけないし、明後日の自分はもっと大きくなっている必要がある。人は成長するのだから、それは当然のことだろう。だからこそ常に、いま自分はどこにいるか、いまの自分は何者なのか、何を一番大切にしているか、を知ることが大事になる。これは、アメリカ時代の値上げ交渉の失敗から学んだ教訓だ。

私が思うBe yourselfには、3つの意味がある。

第1に「自分を知ること(Know yourself)」。自分を知り、強みは何なのか、目指すべきビジョンは何なのか、こだわりは何なのかを理解しておくこと。

第2に「自分を鍛えること(Build yourself)」。いまの自分に納得するのではなく、昨日の自分よりも今日の自分、それよりも明日の自分と積み重ねて大きくしていくこと。そのためには常に挑戦が必要になる。新しいポジション、新しいビジネスを経験するチャンスがきたなら、貪欲に食らいついていく。

最後は「自分に自信をもつこと（Build confidence in yourself）」。さまざまな経験を通じて、自分に対する自信をつけていくこと。「自分であれ」は、「自分に自信をもて」と同じ意味である。不安で自信がないままメッセージを伝えても、周囲の人の心に響かない。

強みを把握し、やりたいことを明確にして、決めたからには自信をもってそれを伝えてこそ、人の心を動かすことができる。

「Be yourself」とは日々、築き上げた一歩ずつのつながりである。私もいまもなお経験を通じて学び、一歩を積み重ねている。長い旅路であることを自分自身に言い聞かせ、また社員に伝えているのは「常にあなたらしく、周囲の心を動かし、自身を鍛えつづけなさい（Be yourself, move their heart and continue building）」。この言葉を念頭に日々の仕事に向き合っている。

「人の心」を重視する

実はBe yourselfの本当の重要性に気づいたのは、社長を務めるようになってからだった。いまから10年前くらいだろうか。50代を前にして、組織全体を動かすには何をなすべきかを考えるようになった。というのも、社長になると、時には難しい判断を下さなければならないことがあるからだ。

たとえば、社長決裁を求めて2つの案が提示され、どちらか選んでほしいと言われたとする。優秀な部下たちが練りに練った挙げ句、社長まで上げてきた案だから、どちらも素晴らしいプランである。だからどちらも間違いではないのだが、社長は2つに1つの決断をしなければならない。

そのとき、自分のこだわりや自分の軸を明確にもっていれば、「私の軸から考えれば、こちらだ」と即座に判断を下せる。自分がこれまで下してきた決断や歩んできた道を振り返ってみて、自分なりのこだわりはいつもここにあった、というものがやっと見えてきたのだ。

私にとって、それは「人の心」である。それまでは特別に意識していたわけではなかったが、これまで私は人の心を最も重要と捉えて、行動してきたように思う。

最終的な判断を迷ったときは、社員の心に響くのはどちらか、社員のモチベーションにつながるのはどちらか、お客さまの真のニーズに答えるのはどちらかと、人の心という軸を判断基準としてきた。実際、それによって結構うまくいった。それなら、人の心を自分のこだわりとして、すべての判断基準にしようと決めた。

こうした軸をもっていると、悩んだときに楽だ。おそらくどちらも間違いではないだろうが、私のこだわりは人の心だからこちらを選ぶとはっきり言い切れる。

リーダーの仕事は部下から求められたことに、早くかつ明確に判断を下すことにある。徹底的に分析したうえで決定することを期待されているわけではない。「こうだ！」と言い切ることが最も大事で、また期待されている。そのために多くの経験を積み、自分のこだわりを知ることが大事なのである。それを知るまでに、やはりさまざまな経験や失敗が役に立ってきた。

私は失敗も数多くしてきたが、それも学びになって、これまで、そしていまも物事がうまく回っている。それは私のスタイルとしてBe yourselfを大切にし、自分なりにそれを貫いてきたからだと思う。それによって、どんな場合でも最後は必ずやり遂げるという自分のブランドが構築されてきたことで、説得力が増したのではないだろうか。

日本人に足りないのは何か

前述したように、私はこれまでに何度も、リストラをする立場に立ったことがある。いま振り返れば、その際も「人の心」を大切にしてきた。リストラでは、まずコミュニケーションをクリアにして、正直に話すことが欠かせない。うやむやにしたり、あるいは言いにくいからとオブラートに包んで話すことはしないよう気をつけてきた。そんなことをするとかえって誤解を生んだり、変な期待をもたせてしまい、悪い結果に結びつく場合が多いからである。

伝えるべきことは、はっきりと正直に、率直に伝える。なぜリストラを実行しなければならないか、すべて話すことが大切である。

そして、今後GEが向かうべき方向性をはっきりとさせる。

気をつけるべきは「会社として涙をのんでリストラをやる」というニュアンスを匂わせないことだ。残る人たちからの理解が得られる半面、出ていく人たちには「そうは言うが……」と、心の中にしこりや不満を残してしまう。

特に離れていく人たちには、「会社のビジョンはインフラ事業に向いており、あなた方がやってきた事業の強みをフルに活かせない。強みをもっと活かせる企業に事業を任せたほうが、あなた方も結果的には幸せになれるはずだ」と伝えてきた。

他の国に比べると日本は、そうした話し合いを実に丁寧にやってきている。時間はかかるが、そのほうが間違いなくよい結果を生んだ。

以前は、日本のやり方は手ぬるいと思われていたが、最近はむしろ世界が日本のやり方を真似るようになっている。相手の意見を聞き、お互いの立場を尊重し、そのうえで行動するというカルチャーが、少しずつ世界のGEに根付いてきたということだろう。

日本人に不足しているもの

一方、いまのGEジャパンには物足りないところも感じている。

ひとつは、何でも言い合えるような風土である。イメルトがよくいう建設的な対立がまだまだ不足している。なりゆきで物事を決めず、合理的に意思決定するには、相手を論破するぐらいの勢いで厳しく意見を戦わせることも時には必要である。これをもっと社内全体でできるような環境づくり、組織づくりをしなければいけない。日本に限らない課題ではあるが、日本は特にこの点で諸外国に後れを取っているように思う。

日本人は、よく言えば奥ゆかしい、遠慮深いということになるが、悪く言えば勇気がない。誰かが意見を言うと「そんなものだな」とすぐ納得してしまうところがある。外資系企業である当社は、日系企業に比べればまだ議論は活発なほうだと思うが、欧米や中国、インドなどと比べると格段におとなしい。

日本人はこれまで、日本文化の慣習に酔っていたところがあり、はっきりと自分の意見を言う人は疎んじられる傾向があった。あの人は口ばっかり、本質は私たちがわかっている、というような変な開き直りまで蔓延していたように思う。それについては日本人同士ではわかり合えても、グローバルでは通用しない。海外の人に「暗黙知」は理解できないのである。それでは結局、日本人は損をしてしまうことになる。

私のいちばんの願い

いまの私の願いは、GEのなかで日本の存在感を高めることにある。そのためにも、グローバルで活躍する日本人社員がもっと増えてほしいと思っている。

先日、IT関係の業務を担当していた若手社員がひとり、希望を出してカリフォルニアのサンラモンにあるGEデジタルの本社に転勤した。それは私も大いに応援し、非常に嬉しいことだった。彼のように、望んで海外に赴任する人は、昔に比べるとかなり減っている。

最近は商社でも、海外赴任を希望する人が少なくなったと聞く。日本国内にいたほうが何かにつけて便利で安全だ、という気持ちがあるからだろう。しかし、せっかくグローバルな会社に入ったのに、それではあまりにももったいない。積極的に日本を飛び出し、海外との交流を深めてグローバルでの存在感を個人としても上げてほしいと思う。

前述のとおり、残念ながらいまの日本は、昔ほど世界の注目を浴びにくくなった。GEにおいても同じで、アメリカ本社や海外法人から日本に対し「人を送り込んでくれ」という人材のオファーが頻繁に来る時代ではなくなっている。GEでも、成長市場の中国や東南アジア、アフリカの社員は、本社に来て勉強しろと盛んに誘われるが、日本はこちらが黙っているとお誘いがかからない。本社で働いて勉強するには自分で手を挙げなければならず、その勇気が必要になる。

そうして少しずつでも海外で働いた人材の成功例を出し、それを広げて環境づくりをする必要があると思っている。それによって社員一人ひとりに「気づき」を感じてもらいたい。若い世代は、上からの命令で海外に行けと言われると抵抗を感じる人も多い。であれば隣に座っていた身近な人が海外で働き、戻ってきて「やりがいがあった」と聞いて、「では、自分も挑戦してみよう」と思えるようになるのが理想だ。また、日本にいながらでもグローバルな仕事はできる。ヘルスケア部門では製品開発のグローバルリーダーを日本人が務めており、日本を拠点に世界中を飛び回っている。他の事業部門もあわせて、日本にいながらアジアのリーダーとして活躍している社員も大勢いる。このようなケースをもっと横展開させて拡げていきたい。よい循環ができるまで少し時間はかかるかもしれないが、本人が納得したうえで送り出せる環境をつくりたいと思っている。

そこまでお膳立てを考えるべきなのか、と思われるかもしれない。しかし、そうした気づきがないと動こうとしない人は多い。それを嘆くだけでは仕方がない。自信さえつければ、もっと大きく成長できる若手社員はたくさんいる。心持ちひとつでストレッチできそうな社員は、軽く背中を押してあげることで最初の一歩を踏み出すはずである。

私は強く希望してアメリカで現地社員と一緒に働かせてもらったお陰で、不安にかられながらも随分いろいろなことを学んだ。今回、サンラモンに行った社員は、普通の仕事をアメリカでこなしている。彼がどれくらい成長して戻ってくるか。10年後、20年後のGEジャパン、いやグローバルGEを支える人材に育ってくれることを願っている。

時代に合わせた人材育成をさらに進めていき、日本の競争力強化につなげたい、と考えている。そして経験が自信につながり、どんなグローバルな場面でも「Be Yourself」の精神を胸に、人の心を動かせるリーダーが一人でも多く日本から育ってほしいと思う。

［著者］
熊谷昭彦（くまがい・あきひこ）
ＧＥジャパン株式会社代表取締役社長兼ＣＥＯ、ＧＥコーポレート・オフィサー（本社役員）。1956年兵庫県生まれ。79年カリフォルニア大学ロサンゼルス校経済学部卒業。三井物産入社。84年ゼネラル・エレクトリック・カンパニー（ＧＥ）入社。2001年１月日本ジーイープラスチックス社長、同年12月ＧＥ東芝シリコーン社長兼ＣＥＯ。06年ＧＥコンシューマー・ファイナンス社長兼ＣＥＯ、ＧＥコーポレート・オフィサー（現任）。07年ＧＥ横河メディカルシステム（現ＧＥヘルスケア・ジャパン）社長兼ＣＥＯ、09年ＧＥヘルスケア・アジアパシフィックのプレジデント兼ＣＥＯ。11年ＧＥヘルスケア・ジャパン会長。13年12月より現任。

ＧＥ変化の経営

2016年11月17日　第１刷発行

著　者――熊谷昭彦
発行所――ダイヤモンド社
〒150-8409　東京都渋谷区神宮前6-12-17
http://www.diamond.co.jp/
電話／03･5778･7236（編集）　03･5778･7240（販売）
装丁デザイン―奥定泰之
本文デザイン―布施育哉
図表作成――うちきばがんた
本文イラスト―新井梨江
帯写真―――公文健太郎
校正――――山下保（聚珍社）
ＤＴＰ―――桜井淳
製作進行――ダイヤモンド・グラフィック社
印刷――――八光印刷（本文）・慶昌堂印刷（カバー）
製本――――川島製本所
編集担当――柴田むつみ

ISBN 978-4-478-06911-0